一花一世界

Yihuayishijie

武汉市绿化委员会办公室
武汉市自由数字科技有限公司

● 编著

华中科技大学出版社
http://www.hustp.com

中国·武汉

策划：周 耕 刘 勇 吴克军
主编：方 义 余 伟
编辑：刘 爱 陈一欣 杨明芳

图书在版编目 (CIP) 数据

一花一世界:花园家庭的美好生活 / 武汉市绿化委员会办公室，武汉市自由数字科技有限公司编著 .—武汉：华中科技大学出版社，2018.5
ISBN 978-7-5680-4136-2

Ⅰ.①一⋯ Ⅱ.①武⋯ ②武⋯ Ⅲ.①住宅 – 花卉装饰 – 室内装饰 ②花卉 – 观赏园艺 Ⅳ.① J525.1 ② S68

中国版本图书馆 CIP 数据核字 (2018) 第 083042 号

一花一世界：花园家庭的美好生活   武汉市绿化委员会办公室   编著
Yi Hua Yi Shijie: Huayuan Jiating de Meihao Shenghuo   武汉市自由数字科技有限公司

策划编辑：饶 静
责任编辑：饶 静
封面设计：颜小曼
责任校对：马燕红
责任监印：朱 玢
出版发行：华中科技大学出版社 (中国·武汉)   电话：(027)81321913
         武汉市东湖新技术开发区华工科技园   邮编：430223
录 排：华中科技大学惠友文印中心
印 刷：武汉市金港彩印有限公司
开 本：710mm×1000mm   1/16
印 张：14.5
字 数：378 千字
版 次：2018 年 5 月第 1 版第 1 次印刷
定 价：68.00 元

一花一世界

一百个人的花样年华

写在前面

5 年间，我们走访了数百个养花家庭，深入了解养花人的种植故事、种植心得、绿色理念，让更多人发现绿色之美，创造家园之美，让更多的人参与并享受绿色生活。

从学生群体、上班族到闲居在家的古稀老人，大家都纷纷响应，几十万人参与了花园家庭活动，引起本埠主流媒体的关注和积极宣传，取得了不错的社会反响，赢得了群众赞誉。

在社区绿色课堂、植物医生专场讲座、志愿问诊服务、主题花友聚会等一系列主题活动的开展中，我们发现了蕴藏在民间的绿色能量，这群养花人的绿色情怀也得以抒发、展示。

千草千慈悲

　　大约外界不知，对于写作行当来说，为人作序，是写作中最难的一桩事。

　　何以难？难在你首先要懂它。要懂它，你首先要经历它。经历过了，了解到了，也未见得能够理解其中精髓。理解精髓不够，下笔浮皮潦草，人云亦云，难出精彩，愧对请你作序的人，也愧对作序的书。如果那天，不是本书的书名《一花一世界》，一见之下，触动我心念，这篇序，也就很难有了。

　　我回头翻阅了本书，只见每页都有花草，每页都散发着植物香氛，每页都能清晰见得养花植草人的一片痴爱。真是一翻惊喜，二翻感动，三翻则颇有共鸣了。

　　此前我还真不知道，在这座城市里，一直活跃着一群热爱养花植草的家庭，孕育着、培植着、守护着一股股绿色能量，让其从大城武汉的各个角落生发出来，绿化、美化、彩化、香化着我们的生活，这真是功德无量！而武汉市绿委办近几年来一直在走访数百个养花植草的家庭，发掘着千家万户的绿色能量，也是难能可贵！

　　说起来，大到一座城，小到一个人，都是生命。生命归根结底，想要繁荣昌盛，想要欣欣向荣，其生态语境，重要到怎么来估价都不过分。我所指的生态语境，本质就是植物，其他都是过眼云烟。花花草草是千万不可以小觑的：人类崛起之前，植物早就覆盖原野，否则人类根本无法存活，只因五谷果实都是植物，牲口畜牧全靠植物，优质空气也靠植物，就连世上最古老的建筑金字塔，都无法与一朵蒲公英的生命力相提并论。人们普遍以为建筑水泥非常坚固，其实 30 年后就开始分解，而且就连钢筋混凝土的分解期，也撑不过百年。而植物，而树木，而小草，而花朵，却可以自在自由到永远！所以就连观音菩萨手里，也总是会拈一支柳条。一位当代智者在论及城市建设与大树关系的时候，他的一句话深深震撼了我："绝对不可以砍大树，大树缺点再多，也不如人缺点多。"

况且，一草一木都有情。只要你爱惜它们，珍视它们，养护它们，你就会深深感受到它们的回报：你会心情舒畅，你会身心健康，你会兰心蕙质，你会逐渐发现自己正在变成一个好人、一个有爱美的爱好的人。这就是草木特有的慈悲。

仅以这一点点管窥之见，呼应本书智慧的书名，是为序。

2018 年 3 月 31 日

目录

CONTENT

第 1 辑

「阡陌晨昏，静享田园」

细雨风微碧连天 / 2

幽暗芬芳香如故 / 4

人淡藤疏透落霞 / 6

花事灿灿须躬行 / 8

幸有花草不自哀 / 10

一春霁色同赏花 / 12

红英苍藤醉斜阳 / 14

寒荆虚室有余闲 / 16

此情可待成追忆 / 18

两地奔波只为花 / 20

桃李春风见初心 / 22

幽香一缕意味长 / 24

枇杷门向楚天秋 / 26

栀子花开呀开 / 28

特殊药方 / 30

花开花落　云卷云舒 / 32

亦师亦友　贤妻良母 / 34

今年送花只送苗不送土 / 36

第 2 辑

「花红柳绿，四季春意」

三季有果　四季有花 / 40

一个人的菊展 / 42

"伢们"都不在家 / 44

一把通向花园的梯子 / 46

没有阳光的阳台花园 / 48

吊兰四季常绿　幸福代代相传 / 50

单"恋"一枝花 / 52

花在哪里　家就在哪里 / 54

厨房变苗圃 / 56

用对土　养好花 / 58

梦里有我有你还有她 / 60

养花养出好气色 / 62

落花无意人有情 / 64

鹤发童心沃新花 / 66

抱瓮幸喜养花乐 / 68

热爱成就生活 / 70

第 3 辑

「越来越年轻」

心素如简　人淡如菊 / 74

问花开未　绿肥红瘦 / 76

絮舞风花　午夜天涯 / 78

春色识返　君心何来 / 80

映窗泼墨　惜花留香 / 82

闲花作伴　渐行渐远 / 84

乐尽天真　何妨归去 / 86

弦静无语　石沉有声 / 88

慢慢生长　慢慢生活 / 90

小园香径　陶陶任性 / 92

一地芳菲　天马行空 / 94

花间野意　胸中烟霞 / 96

第 **4** 辑

「转角遇见绿，蜿蜒在老街巷里的青葱野趣」

大半条巷子上百盆花 / 100

从花友中来　到花友中去 / 102

住惯了的洪益巷 / 104

带一把椅子来"哼天" / 106

119 街的兰屋 / 108

"淘"出一个明星花园 / 110

牛奶浇出茉莉花 / 112

不要摘曹奶奶的花 / 114

嗨，老伙计 / 116

盛大爷的花园 / 122

岔着逛花园 / 124

昌年里的巷子深 / 126

根蟠叶茂赤子心 / 128

养花化解孤独 / 130

玩转"开心花园" / 132

露一手 / 134

处街坊　养闲花 / 136

种树好乘凉 / 138

把花种到街面上 / 140

远亲不如老街坊 / 142

第 5 辑

「时光淬炼，生命传续」

写取一树碧连天 / 146

盘根错节拥绿云 / 148

且向花间嗅酒香 / 150

化作春泥更护花 / 152

朝夕俨如对益友 / 154

醉卧花中偏爱菊 / 156

一盆山水一盆戏 / 158

风裁日染开仙囿 / 160

折得一枝香在手 / 162

庭院盘龙天地小 / 164

汲井开园日日新 / 166

微妙在智云天外 / 168

风定池莲自在香 / 170

枯木逢春犹再发 / 172

第 6 辑

「花色洋溢，四季皆美」

纵使苍茫亦自芳 / 176

早九晚五山岳秀 / 178

落落松柏凌云霄 / 180

一楼青色与天和 / 182

叶底风吹敛黄昏 / 184

高台春晓烟如缕 / 186

不比青天独乐园 / 188

含饴弄孙乐花园 / 190

冬去春来醉花庭 / 192

蜂飞蝶舞闲弄花 / 194

云压花房犹自香 / 196

独坐春风尽芳菲 / 198

风住尘香花正妍 / 200

取次花丛频回顾 / 202

天涯日斜枣花香 / 204

一路花香走天涯 / 206

养花日志

后记

阡陌晨昏·静享田园

第 1 辑

阡陌晨昏，静享田园

推窗见绿，空气中透着湿润泥土的香气，枝叶和风婆娑私语，鸟儿唧啾，在草间呢喃，小院香径踱步几许，这便是寻常百姓憧憬的闲适生活的模样吧。尽管工作繁忙，生活在都市里的人们也尽心尽力去打造"榆柳荫后檐，桃李罗堂前"的田园生活。

我们要讲述的故事有两类：一是各个花园家庭活动人物尽享田园之乐的幸福故事；二是面对都市生活的快节奏、高压力，人们是如何用一种温柔的方式来自我疗愈，亲近自然，让生活慢下来。

珍惜自然和土地，感谢每一滴雨露、每一丛草木的馈赠，一花一叶，自己动手。你要知道，那些精致美好皆是因劳作的辛勤和对生活发自内心的热爱与笃定而产生的。

细雨风微碧连天

任俊现在成了"太姥爷"。

无论男女老少，一律改口，都随着重外孙满满称呼他"太姥爷"。

任俊从事海军装备工作40余年，正式退休后，随独生女儿定居武汉，女儿也是做姥姥的人了。外甥女从英国留学回来，留在了武汉工作，也是一位母亲。小重孙满满，又"萌"又酷，很是招人喜爱。太姥爷抱着重外孙，四世同堂，更是幸福满满。

任俊一直爱种花。

以前在宜昌居住的时候，任俊在房前屋后种满了花，特别是到了春天，"五月红"爬满了整整一面墙，成百上千朵的蔷薇花怒放着，不仅引来了蜜蜂蝴蝶，满院春色更是招来了小区居民。有人来参观，有人以花作背景墙拍照留影，有人想剪枝，有人来要苗，还有的想摘花，赠人玫瑰，手留余香，任俊总是有求必应。他的家，也被人称之为"任氏花园"。

  2015 年，他来武汉定居，顺带着把宜昌的花搬了一卡车过来，锄草、施肥、刨土，他样样亲力亲为。老伴想在院内多种点菜，他却想多种点花，老伴拗不过他，他虽只赢得了小块土地，但大大小小的花盆还是越来越多。连小区里的保安都说："这老爷子真厉害，不仅身体好，还爱种花，住这没两年，硬是把满院的荒草改良成了花园，都成了我们小区的观景台了。"

  在"任氏花园"里，三角梅一直从夏天开到了冬日，红的、黄的、粉的、白的，各种菊花争奇斗艳，色彩斑斓，散发着诱人的香味；串串红在风中摇曳着身姿，姿态各异；茶花也不甘寂寞，立在路边凑热闹，等着开放……每天都有小区的居民来驻足观赏。

  他却还不满意，打算进一步规划打理，一方面因地制宜，把花归类，另一方面提高花的质量，做到春赏花、夏闻香、秋看果、冬品青。做什么事情，他都精益求精，毫不松懈。

幽暗芬芳香如故

30 多年了，刘春红依然记得当年那个大学生。那时，她还在鄂钢（武汉钢铁集团鄂城钢铁有限责任公司）工作，一次下班路过单位的小花园，被花园中迷人的夜来香吸引。花园中养护花草的年轻大学生剪了一段花枝送给她，并耐心地告诉她应当如何扦插。

这个小枝条到底能不能活？

一枝夜来香被她带回了家，她十分好奇，又不知有多紧张。

半个月后，它长出了绿色的小芽，再后来，夜来香越长越大，放在阳台上，年年夏天都会开出黄绿色的吊钟型小花。

叶插、扦插出来的绿植，是我的"花宝宝"。

——刘春红「洪山区」

这盆夜来香，她养了30年，如今还在她家的阳台上。阳台面积并不大，但叫得上名的、叫不上名的绿植却不少。夜来香成功扦插之后，她逐渐爱上扦插这种繁殖方式，时常尝试着剪取绿植的茎、叶、根、芽等放入土中培育。阳台上的金枝玉叶叶片饱满，颜色光亮，她随意取下一片放在土壤表面，再过几天来看，叶片底下就伸出细细的爪子；吊兰长得太茂盛，花盆快撑破了，她就一株株分出来移到另外的花盆中，照样长得光亮。叶插、扦插出来的绿植，她都管它们叫"花宝宝"。

"花宝宝，我很喜欢你。你要到别人家里去了，你长得好看别人都喜欢你，听到没有？"每次送走一盆新繁殖成功的绿植，她都要对着心爱的"花宝宝"嘱托几句。每当人家说起她送出去的绿植长得很好，她就无比开心。

人淡藤疏透落霞

20 世纪 70 年代末，黄蜀安随部队调到武汉工作，此后在武汉定居。1996 年，他搬到现在的小区居住，当时小区周围住的都是部队的战友，大家在一起也热闹，转眼几十年过去，许多战友陆陆续续搬走了，只剩下黄蜀安和老伴儿。

后院还有樱桃树、枇杷树、树、枣树，都种了20多年了，几棵还是他当初从部队带回的小树苗。

——黄蜀安「江汉区」

每日清早，黄蜀安要花一个小时打扫房前屋后的院子，一扫就扫了20 年。现在，他不再年轻，已经 77 岁了。

他说，他舍不得自己一手打造出来的小院子。

院子里搭着葡萄架，摆放着石桌石凳，还有假山、鱼池，鱼儿在水里欢快地游来游去，清晰可见。

后院还有樱桃树、枇杷树、桃树、枣树等，都种了20多年，有几棵还是他当初从部队带回来的小树苗。树上结了果子，吃不完就拿来酿酒，每年他都会酿葡萄酒、樱桃酒，招待客人，自己吃饭的时候也喜欢小酌一杯。

他还有很多爱好，巴乌、二胡、葫芦丝、笛子等乐器都会，随便拿起一样，就能奏一曲。

"还不错吧？"他高声问。他有些耳背，别人太小声了他听不见，他也怕别人听不见。

院子里摆放的根雕也是他的作品，还得过武汉市的三等奖哩！他说着这些，一脸自豪。

花事灿灿须躬行

起初，陈昌池在自家阳台上养草本植物。小生命静中有动，按照书中介绍的方法，他适时播种，看着它们生根发芽、长叶起梗、分枝含苞、现蕾开花、挂果成熟，其生长过程中的每一个环节，都有一种人喜神欢的滋味。

与花草结了缘后，陈昌池也舍得花钱购买相关的学习资料和参加培训，不断掌握常见花卉的栽培技术；他也舍得花时间逛花卉市场，购买植物种子、花苗；他还舍得放下面子，

向人虚心请教。37 年来，他与花为伴，从种植草本植物发展到木本植物，从阳台栽培扩展到露台栽培，至今养有榆树、红檵木、蚊母、罗汉松、铁树等盆景植物 80 余盆。

在他的家中，木制家具上摆放着几盆盆栽，古朴中透着不经意的生命力；沙发旁边的花架上，文竹的枝条向下生长，绿油油的，延伸得很长很长，有趣得很，也自在得很。

在这些花花草草的陪伴下，陈昌池安度着舒适幸福的晚年。

幸有花草不自哀

园艺，好比一扇打开的门，
能够自己走过去。

——朱黔生「江汉区」

16年前，朱黔生的老伴因中风偏瘫在床，心脏还搭桥两处，当时，她卧病在床，不仅不能动，精气神还特别差。邻居看到她这个样子，给她送来了几盆花，劝她养养花吧。

"它好比一扇打开的门，我能够自己走过去。"就这样，她走上了园艺之路，再也停不下来。

一开始，她连碗都端不稳，走路颤颤巍巍。打理花草后，她有了下床的动力，最开始行动不方便，她扶着板凳慢慢挪动，先从最简单的干起，松松土，拔拔草。时常拖着腿挪动，对她身体的康复也有好处。

老伴要浇水，朱黔生就把水拎到旁边让她浇；老伴要铲土，朱黔生就扶着她过去，把铲子递到她手里，月季、菊花、绣球等就这样被她种满了屋前屋后。花花草草在成长，她在渐渐康复，口齿清晰了，精神也好了很多。

一春霁色同赏花

程生达与程枫，是父子。

程生达从小就喜欢与大自然的花花草草打交道。早在十几年前，他就开始把大自然的植物搬回家，大规模地在阳台上种花。

他种的花，讲究品种的选择，虽然大多数是草本植物，但是不怕冻，有的还能冬季开花，花期较长，阳台上因此四季红花绿叶，十分赏心悦目。

他尤其注重花盆与植物的搭配，与他的绘画风格一样，既体现原生态又具有精致的美感。

花盆选购要多样化，高低细、方正腰圆的花盆都要有，花瓷盆、宜兴紫砂盆必不可，方寸大小的宜兴钵、小箭、小陶容器之类用来栽竹，具观赏性。

——程生达 程枫「东西湖区」

他在前后阳台的花槽里栽上迎春花，再相继栽下夹竹桃、冬青，有意任它们伸出防盗网外。在阳台两头的拐角处，他又栽上紫藤和凌霄，让它们爬网和下垂。朝南的阳台阳光充足，透过客厅的落地玻璃门看过去，观赏面大，因此重点布置，程生达将植物错落有致地摆满，再在半空悬吊植物，他所选的植物有金边吊兰、三峡络石、波斯顿蕨、小叶天竺葵、紫花美女樱、槲蕨、红菊、月见草等。

养花养草，喜欢绘画和书法，程枫继承了父亲的爱好。父子俩都喜欢观叶植物，但又都认为大众化的花卉可以养一些，只是不能太多。他们时常逛花市，也经常网购一些稀有品种。

程生达对土壤的要求高，喜欢买各种营养土，实战经验丰富；而程枫善于吸取新鲜知识，父子俩取长补短，相得益彰。茶余饭后，二人会相互交流心得，彼此切磋，不亦乐乎。

红英苍藤醉斜阳

孙宝璋曾是汉阳特种汽车厂调配测试高级工程师，见证了新中国军事发展与变迁。他有一个保存了近50年的老相册，偶尔会拿出来翻一翻，说一说。每每这时，老伴冯黎生就在一旁安静地听着。

这就是一棵树，我老了有
女看着，就让它这么长着。
要看它一直往上生长。

——冯黎生　孙宝璋
「经济技术开发区」

只要一聊起养花，冯黎生立马有说不完的话。年轻的时候她就开始养花，买一些小型盆栽，自己分盆繁殖，不知不觉就多了，到如今，已养了近上百种，主要有仙人球、仙人掌、仙人棍等，其中有一根仙人棍，从一楼延伸到了二楼。

侧墙还有几株凌霄藤，种了七八年了，顺着墙面爬满整栋楼。她先跟邻居打好招呼，爬到别人窗前了，不喜欢的话可以剪掉。但是，没人剪。楼上的邻居说："您这凌霄花快点长，什么时候能长到我们窗前就好了！"

　　院子里有一棵腊梅，是当初搬到这儿时她买回的小树苗，现在已经长高了。

　　"那您卖吗？"有人逗她。

　　"我不卖！"她的回答干脆果断，没有丝毫犹豫。

　　"您有一天老了照顾不过来怎么办？"

　　"这就是一棵树，我老了有儿女看着，就让它这么长着。我要看它一直往上生长。"

　　他提水，她浇花；他换盆，她施肥……他们是彼此的老来伴，什么事情都一起分担，什么事情都一起分享。

寒荆虚室有余闲

　　年轻的时候，夏荫祥和妻子就爱折腾，那时候经济条件有限，很多物件都添置不起，可是，他们还是希望自家的日子更好一些，哪怕只是看起来好一点。家里的每个角落都倾注了他们的小心思，陈设布置显得雅致而大气。同事每次上他们家玩，都会发现与上次不一样。

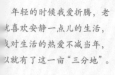

年轻的时候我爱折腾，老
尤喜欢安静一点儿的生活，
戈对生活的热爱不减当年，
以就有了这一亩"三分地"。
——夏荫祥「经济技术开发区」

　　现在，夫妻俩依然如故。他们买了远离市区的房子，专心打造自己的一亩"三分地"，夏荫祥还特意买回石头，亲手刻上了"三分地"的园名。

　　前院种花，后院种菜，环境好，空气也好。夏荫祥不睡懒觉，早上起来就跑到园子里待着，妻子做好了早餐，他才抽空回屋吃，有时候还把碗端出去，在园子里边吃饭边欣赏，吃完饭又继续在园子里折腾。他每天待在园子里，好像总有忙不完的事情。

　　一盆迎春花，经他之手进行盘枝，做成了奥运五环；枯萎的葡萄藤，挂在墙上又是一处风景；捡一块石头或木板，刻上字放在路边，或挂在树上，又是一种装饰；他还将假山做成孙猴子的造型，俏皮可爱，逗乐了妻子。

　　20年前，妻子被查出得了淋巴癌。

　　夏荫祥一直陪在妻子身边，照顾她，鼓励她，不离不弃。妻子说，是丈夫给了她第二次生命。

　　坐在"三分地"的木椅上，夫妻俩回忆着一路走来的风风雨雨，满脸知足。

此情可待成追忆

汉正街一向是寸土寸金，父亲却执着地在这里养花，哪怕他用心血浇灌的盆栽一次次"失踪"，仍矢志不渝。父亲的行为深深地震撼了代斌，对他而言，打造花园家庭就是陪着父亲一起养花。

养花草真是好处多，不仅活动筋骨，而且翻土、播种、浇水、除草、施肥需要眼手并用全身都能得到锻炼呢。

——代斌「硚口区」

之前由于工作忙，代斌只能周末回家，很少在家陪父母。父亲年事已高，性格憨厚，退休后赋闲在家，平时除了看书看报外就爱摆弄花花草草。

他家住在汉正街的巷子里，以前商铺之上的平台堆满了垃圾，父亲愚公移山，把平台收拾成了小花园。

父子俩对花草的喜爱几乎达到全身心投入的程度。武汉的夏日非常炎热，很多时候他们舍弃宝贵的午休时间，戴着草帽穿行于花花草草之间，给它们除杂草、施施肥、浇浇水，阳光的炙烤使得花草都无精打采，但父子俩穿行其中，内心充满了无限的绿意。

更重要的是，因为养花，父亲的血脂、血糖、血压都恢复到了正常水平，体重更是减掉了不少。"养花草真是好处多，不仅能活动筋骨，而且翻土、播种、浇水、除草、施肥需要眼手并用，全身都能得到锻炼呢。"父亲很享受这样的生活。父子俩一起养花的画面，成了汉正街一道别样的风景线。他们快乐着，同时也让邻里街坊体会到了快乐。

两地奔波只为花

虽然身在城市，但我还是
喜欢过田园生活，喜欢大自然，
所以买了新房之后，有了一定
条件，就打造了这个院子。

——徐文秀「汉阳区」

涂文秀是天门人，从小在农村长大，19 岁就来到武汉打拼，慢慢地在这个城市定居下来。虽然身在城市，但他还是喜欢过田园生活，喜欢大自然，所以买了新房之后，有了一定的条件，就打造了这个院子。

院子里的盆景都来自外地，有的来自神农架，有的是他从恩施带回来的。他经常去外地出差，碰到了好的苗木就带回来。

在楼下的小院里，你还能看到雨棚木椅、假山鱼池、盆景绿植等景观。

目前，儿子和媳妇已在深圳定居，孙子从小由他和妻子帮忙带大，现在孙子要去深圳上小学了，他和妻子也开始两地来回跑。他舍不得孙子，也舍不得这个小院子，舍不得心爱的盆景。他去深圳后总是待不长，每次没去几天就又跑回来，因为惦记着院子里的这些盆景。虽然他会请人帮忙浇水，但终归是放心不下。

过不了几天，他又得赶往深圳。

桃李春风见初心

2013年，李建红搬了新家。

当然，一起搬进新家的，还有老屋的一部分花花草草。

她喜欢花，丈夫喜欢盆景，所以一样不少。300 多平方米的屋顶花园，左侧和正对面都是盆景及果树，右侧就是她喜欢

的花，数量最多的当属杜鹃、月季、蔷薇，还有一些藏在角落里的金银花、铁线莲、绣球花等。花园通过高低不同的植物花卉、花坛、拱门营造出立体感，配以小风车等装饰，非常别致。夫妇俩非常重视环境卫生，培育方法也很有特色，使用的都是经过加工的复合肥料，完全杜绝了异味和蚊虫，还配有整套的滴灌系统，高效节水，省时省力。

花园要想有吸引力，就一要有亮点，哪怕只有一个亮点。整个花园的配色不宜太杂，色最好控制在三四种为妙。

——李建红「江岸区」

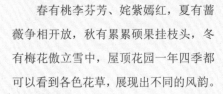

　　春有桃李芬芳、姹紫嫣红，夏有蔷薇争相开放，秋有累累硕果挂枝头，冬有梅花傲立雪中，屋顶花园一年四季都可以看到各色花草，展现出不同的风韵。

　　她和丈夫从小就是同学，两家住在一个院子里，初中没毕业，他去当了兵，她被下放到农村。后来，俩人自然而然就走到了一起。

　　每天早上，他们送完外孙女上学，就去老屋给楼顶的植物浇水，回来再伺候新家楼顶上的花花草草。她个性张扬，他稍显内敛，正好互补，在花草的陪伴下，幸福刚刚好。

幽香一缕意味长

"兰痴"万章波七八岁的时候，家里就种有花花草草。

大约是 1986 年，邻居到东北出差，给万章波的父亲带回两株君子兰的花苗。这是他第一次接触君子兰。读高中那会儿，君子兰居然开花了，全家人别提有多高兴。后来，父亲越养越多，最多时家里有 20 多盆君子兰。

有一年，父亲生了一场大病，住院二十几天。当时他在外地工作，因为缺少照料，君子兰死了三分之二，父亲很是伤感了一阵。

君子兰怕潮热，最适宜的境温度是 15 ～ 20℃，夏天光不能多，冬天不能不见阳，松土和施肥非常重要。一油性比较大的东西，例如瓜、亚麻籽、骨粉之类，不要接接触其根部，需要经常松，4 月和 11 月是换土的最时节。

——万章波「东西湖社区」

后来，他回到武汉，有了独立的天地后，也开始养花。他独爱君子兰，从最初的一两株，到现在差不多有80多盆，从细叶、宽叶、大株到矮株，从普通的桔色到大红、黄、白等，品种繁多。

君子兰成了他和父亲交流的主要话题。父亲又恢复了养君子兰的热情，每当君子兰开花的时候，他的脸上总是洋溢着得意的笑容。

枇杷门向楚天秋

熊宏玉家的花园可真大，面积足足有 120 平方米，里面各色花草应有尽有，花有朱顶红、吊兰、月季、兰花、绣球、垂丝海棠、迎春花、四季桂等，树有橙子、枇杷、葡萄，还有他从湖南老家带回的柑橘。花园大，花草多，打理起来可不容易，他每天在花园里花的时间可不少。

遇一石，如遇一山，石在中自有山水；遇一景，如遇天，景在眼前天地宽广。

——熊宏玉「青山区」

除此之外，花园里还有错落有致的假山造景，"山涧"潺潺，山旁的鱼池造型亦非常讲究。假山之石，采自武汉阳逻，其造型和神韵，却有熊宏玉故乡张家界的味道。

大约是在 1973 年，熊宏玉从老家来到武汉，在武钢做技术工人。从那时起，他就开始在阳台上简单地养些花草。

90 年代末，他才搬到这里，新家门前有一个院子，他一点一滴地设计出来，请专人打造花园。

院子里的枇杷树是他当年带回来的。它枝叶茂盛，四季常青，像一把巨大的伞撑在院子的正中心。深秋时节，飒飒秋风吹过，万花凋零，枇杷树却开花了，小花儿似淡黄色，又偏白，上面有细细的绒毛，一串串地挤在一起，圆锥形的花序，一丛丛地缀满了枝头，散发淡淡的清香。

栀子花开呀开

每当看到花木成长的每一
变化，我都特别开心。

——张昌顺「武昌区」

客厅里的楠木花架，是 40 多年前他咬牙花了一百多元买的；罗汉松盆景，是由 30 多年前他采集的种子培植而成；几十种多肉植物，是由他从母体上采摘的茎或者叶扦插而活；已长成 1 米多高的昙花，是两年前由一截一寸长的叶片扦插成活……

扦插，张昌顺打小就学会了。小时候生活在农村，看到别人插杨柳枝成活了，他也在土里插栀子枝，眼见它长势不错，他就跟着父母进了城，等他再回去，栀子枝已然长成一棵大树。

那时候养花并不普及，他每次出差回来，肩上挎一个大包，儿女们凑过来，打开包一看，不是花盆，就是苗木花卉。他从南昌购回了满天星，从山西弄回了巴西龙骨，从三亚买回了龙船花，从昆明带回了重瓣六月雪……30 多年了，当初一枝不起眼的六月雪，已繁殖成了千姿百态的小盆景。

他痴迷于养花，家人都懂得。年轻的时候工资低，家里本没有多余的开销，叫他拿钱去买双鞋，他转头就去买了几盆花。

他钟情于花草，朋友们也都知道。给他们家送礼，大家别的不送，就送花盆。于他来说，这就是最好的礼物。

他把每盆花木都视为鲜活的生命，从发芽生根、孕蕾含苞到开花结果，花木成长的每一点变化，都令他特别开心，似乎他的生命也融入到了花木的生命之中。

特殊药方

常在花中走，活到九十九——79 岁的朱艾珍如是说。

她患心脏病已 20 年，如今的身体，渐渐比以前还强健了一些。

常在花中走，活到九十九。

——朱艾珍「蔡甸区」

朱艾珍说，她有一个药方。

一旁的老伴拿出一个墨绿色的本子，只见上面写满密密麻麻的字——杜鹃 1 盆、樱桃 1 盆、花椒树 1 盆、茶花 1 盆、山楂树 1 盆、小苹果树 1 盆、金银橘 1 盆、腊梅 1 盆、发财树 1 盆、天竺葵 2 盆、富贵竹 1 盆、龙舌兰 4 盆、兰草 7 盆、四季桂 3 盆、白兰 2 盆、米兰 1 盆、紫罗兰 1 盆、红白黄色桃花各 1 盆……

　　近100盆绿植，老伴每念出一个品种，朱艾珍立马能说出盆数。

　　她第一次与花结缘，大约是在35年前。当时有人送了老伴三盆茶花，其中两盆被朋友要走了，剩下的那一盆，如今还在盛开。每年春节前后，茶花的花蕊吐白露红，就像老朋友走亲戚一样，从不会缺席。

　　老伴喜欢看果树硕果累累，朱艾珍喜欢看月季月月开花。对养花，俩人还有分工，老伴负责移苗和治虫，朱艾珍负责拔草、上水、施肥，他们每天都过得十分充实且舒畅。

花开花落　云卷云舒

李晓岚站在自己打造的花园里。透过树荫，阳光静静在她的发丝之间徜徉，仅看影子，就已经觉得很美好，没人相信这个女人已经 60 岁了。

养花人的甜与乐，愿与花分享；养花人的苦与累，也有花友才知道。

——李晓岚「江汉区」

每隔一会儿，她就要喊一声"丫丫"。丫丫是一条可爱的小狗，就在不远处，它听见喊声，很快朝她跑去。丫丫个头太小了，开车的人不容易看到它，它也不太懂躲车，李晓岚生怕它被车撞了，每隔一会儿就会喊一声。

对节白蜡、水蜡、小叶枸骨、三角梅、三角枫、红梅、月季、蔷薇、绿萝……这些绿植在李晓岚家的小院里聚会。如果你问：还有哪些绿植即将加入这个阳光温暖的大家庭呢？

"等着吧！"李晓岚说，"再过两年来看，这个小院里会更热闹。"

没搬进小区之前，她就爱种花，在阳台种满了花，一到开花的季节，那里就是一片花海。之所以买这处新房，她就是看中了1楼门前的小院，可以种点花。夏天刚搬到新家时，屋内装修还没弄好，她就已经忙着在屋前的小院开始种花养草。

退休之后，李晓岚有了更多的时间和精力来做自己喜欢的事情。"想着搬到新家之后，就能看到房前屋后充满了生机，看起来很舒服。"是啊，日子还长着呢，慢慢来，流水它带走了光阴的故事，却冲不淡一颗热爱生活的心。

亦师亦友　贤妻良母

"竹篱上停留着蜻蜓，玻璃瓶里插满小小森林，坐在窗前听见下雨的声音，原来幸福也可以很安静……"看见程海清，你会很自然地想起周杰伦《听见下雨的声音》这首歌，歌词中的情景，正好可以用来描述她的花园故事。

你善待它，用心对它，它会给你回报。发芽、开花、结果，每一天都会有惊喜。

——程海清「江岸区」

她喜欢运动，羽毛球打得不错，在社区羽毛球比赛中拿过第一名；她喜欢研究美食，喜欢尝试各种新东西，且能无师自通，蒸包子和包饺子都是她拿手的，做绿豆糕、月饼、各种馅饼，她也不在话下。

"工作上一丝不苟，生活中温柔贤能，是个贤妻良母。"她的先生如是评价。

她叫程海清，是一位高中化学老师。工作中，她是辛勤的园丁，用心浇灌祖国的花朵；生活中，她回归田园，在自己小院里做起了园丁，精心培植花草苗木。

她是出了名的严师，从业21年，高标准、
严要求是她的教学风格，譬如，学生写错了化学
方程式，被罚写十遍，她陪着学生写完再离开。
学生们也懂老师的好，有一次她生病住院，她所
教的两个班，总共100多个学生都去医院看她。

　　学生们也都知道老师喜欢养花，教师节的时
候送给她一盆长寿花。送来时是一盆，经她分盆
移栽，开枝散叶，变成了三四盆。她也常把绿萝、吊兰等花卉植物带到教室，让大家在
一个清新自然的环境里学习，共享绿意。

　　她在学校教的是高三毕业班，任务重，工作忙。她把大部分时间都放在学生身上，
周末也难得休息。自己的儿子在另外的学校读高三，她作为母亲，陪伴儿子的时间虽少，
但对他的学习却很严厉。

　　先生是警察，性格比较粗放，喜欢做家务，每次都抢着洗碗。他们是两个性格互补
的人，幸福的密码可能就是懂得包容。先生很支持她养花，经常是她计划要挖土、买盆，
先生就是执行者，二人合力把小家打造得温馨别致。她的院子里，三角梅开得正艳，月季、
满天星也还有花，吊兰、绿萝、清香木等绿意盎然，在雨天更显清新。她把生活中的细致、
热情同样用在花草上，她说："你善待它，用心对它，它也会给你回报。发芽、开花、结果，
每一天都会有惊喜。"

　　闲暇的时候，夫妻俩会坐在院子的摇椅上，静静地享受生活。

今年送花只送苗不送土

1978 年因工受伤后，孙志蓉就不再上班。单位建议他去公园里学学太极拳，哪知去了公园，孙志蓉不但打起了太极拳，还迷上了公园那些花花草草。

苗可以再繁殖，盆可以再可是好土实在难寻。

——孙志荣「江岸区」

30 多年前，武汉还没有如今这么多的花市，孙志蓉的第一盆花还是从中山公园的花圃里买到的。从好养的菊花到月季，孙志蓉养花的品种越来越多，菊花、月季、丁香、茉莉……当时那才叫稀罕，各色花儿摆满了阳台，一年四季花开不断，连马路上来来往往的行人都要停下来驻足观看。

妻子将一盆君子兰带到单位，放在办公桌上，一下就被同事围住了，办公室的人争先恐后地抢着要。分株，播种，扦插，孙志蓉培育了一盆又一盆，送出了一盆又一盆。红安的同学出差经过武汉，襄阳老家的亲戚来串门，连株带盆的花是少不了的馈赠佳品，更别说隔壁左右的街坊。30多年了，单单送人的花，他算了下，大概都有一百多盆，而自家目前剩下的花草，也不过二十几盆。

苗可以再繁殖，盆可以再买，可是好土实在难寻。如今腿脚不灵便，孩子们也都不在家，孙志蓉很少下楼，只管待在家里养花、习画、喝茶、读书。

只是，再送花的时候，孙志蓉多了一条附加说明：送花只送苗不送土。

花红柳绿·四季春意

第 2 辑

花红柳绿，四季春意

乍暖还寒时分，一户户小家里就绽出了绿芽，生命的繁衍将开始，从年头绵延至大雪将至。串串嫩黄的六瓣迎春，朵朵娇艳的猩红玫瑰，独自清丽的君子兰，水雾绿镶着银边的吊兰，毫不沾染烟尘的雪色冬荷，花开四季不败。

老舍先生于《养花》一文中写道："有喜有忧，有笑有泪，有花有果，有香有色。既须劳动，又长见识，这就是养花的乐趣。"

从养花的爱好开始，我们一起来种植美丽。

三季有果　四季有花

丰世金家的花园，十人经过九回头，过往的行人，都忍不住拍几张花园美景晒到朋友圈。大家晒的是美景，晒的也是他的骄傲。

　　花园在小区入口处，花园一侧的小路，是搭乘轻轨一号线的必经之路，每天过往的人不计其数。面对如此美丽的花草，谁能无动于衷？大家不由驻足，拿出手机拍照。

花园的花，有的是花店丢弃的，有的是单位摆放后废弃的，有的是商业门面转让时遗留下来的，还有的是居民把自家养不活的花卉，直接送到了他的花园。

　　他一一收来，为它们重新换盆、添土、施肥、浇水、整枝，像伺候孩子一样，每天伺候它们，它们接了地气，沐了雨露，享受了阳光，在他的花园里重新活了过来，而且更加鲜艳灿烂。枇杷树是花园最早的朋友，刚来的时候，只有筷子大小，现在已经有一两层楼高了。

　　三季有果，四季有花——这是他对花园的总结。所谓"三季有果"，即4月樱桃结果、5月枇杷结果、7到8月间葡萄成熟、9月柿子和石榴又红红火火地挂上了枝头；所谓"四季有花"，即春天有迎春花、苹果花、石榴花，夏天有荷花，秋天有菊花、大丽花、海棠花等，到了冬天还有红梅。

一个人的菊展

叶艮祥以前的居住条件不好，一家六七口人住在两间小平房里，根本没有地方养花。后来，老房拆迁，他才得以有条件买新房。为了方便养花，他最终选择住在小区的一楼。秋天一到，屋前的院子里上百盆菊花凌霜绽放，很是美丽。

菊花要扦插，那样开的花才大，扦插的时候要取手长的花干，把它埋在沙土里天到一个月时间；用沙土易排水，菊花生长的时候才会被水淹到，保持干爽。

——叶艮祥「江岸区」

菊花都是经过叶艮祥扦插繁殖的，他说自己一开始扦插技术并不好，扦插的菊花苗都没有存活下来，经过自己反复钻研实践，最终摸清了扦插菊花的门道。他通常会将不一样花色的菊花枝条进行扦插，经过这样的处理，一盆菊花就会有多种颜色。学习扦插技术本身就是一种种植的乐趣，他说还想用菊花做出"黄鹤楼"的造型。

一开始，他只养了几盆绣球花，那时花开得正好，他偶然看向屋外，发现外面总会有一些人驻足观赏，他就想，为什么不多养几盆花呢？这样大家更有看头。就这样，屋前的花越养越多，如今的小花园已经挤满了各式各样的花卉植物，春天，茶花、百合争香斗艳；夏天，白兰、米兰、栀子花香飘满园；秋天，菊花、扶桑、天竺葵红黄相间，别有一番情趣；冬天，梅花暗香自飘来。

　　每逢秋季，百步亭社区总会办菊展，他一次捐献了 50 盆花，最多的一次捐献了 80盆。即使社区不办菊展，菊花开了，摆在外面，看的人多了，他觉得仿佛也是自己办了一次菊展一样。

"伢们"都不在家

　　万松林和老伴住在民权街，一双儿女都不在身边。二老牵挂的不仅有一对儿女，还有远在异地的外孙和孙女。都说海棠花是解语花，能解心头忧，他们在家中栽种了善解人意的四季海棠。

　　这盆养了三年多的海棠，成了二老的知心人。有时候，万松林会对着开花的海棠絮絮叨叨，说说远在香港工作的外孙，说说在广州上班的孙女。

对着开花的海棠，说说远
香港工作的外孙，说说在广
上班的孙女，我感觉就像他
陪伴在身边一样。

　　　　——万松林「江岸区」

有一年冬天，外出的时候，他忘记将海棠搬进家中，当天晚上回来，就发现海棠有几片叶子耷拉着脑袋，看起来无精打采的。就为这事，他还和海棠道歉了，说了好一会儿话。老伴都忍不住笑话老头子太痴迷。从那以后，万松林都会将海棠放到室内，偶尔搬到室外也会提前留心天气预报。

　　因为住房条件所限，家里养花并不多，室内栽种了四季海棠、仙客来等花卉，窗台上则摆放着几盆小型盆景。整个家里最娇艳的，还是四季海棠，直到冬天，它依然开得灿烂。

一把通向花园的梯子

陈光耀是一名桥梁建设工人，住在建桥街几十年了，养花也养了10多年。一开始，他只是想给自己找点事做，好充实自己的退休生活。

做一行就要掌握一行的窍门，做好了心里才舒服。

——陈光耀「汉阳区」

他住在一楼，对门就是社区老年活动中心。活动中心楼顶的公共区域，老人"承包"了10多年，他在楼顶养了花。通往楼顶的只是一架铁梯，每天他都要上上下下，他说："爬习惯了就好了！"

那把通向屋顶花园的梯子，他爬了10年有余。这10年，锈迹斑斑的铁梯新上了油漆，花园里的花搬走了又繁殖了新苗，他也进入了古稀之年，一切都在变化，而唯一不变的大概就是他对植物的这份热爱。

"做一行就要掌握一行的窍门，做好了心里才舒服。"他专门买书学习树木嫁接技巧，看完了自己不断地摸索，失败了也不死心，又去请教别人，如今的成活率越来越高了，他也颇为满足。

刚开始，他会去市场上买一些植物回来养，现在楼顶的植物基本都是靠他自己扦插嫁接。为了节省开支，他还捡来别人废弃的酒瓶，做成小花盆，用来培育小苗。

没有阳光的阳台花园

余智融的家，如热带雨林似的，一伸手，一抬足，都能触碰到绿油油的滴水观音。

热情好客的滴水观音就是最好的导游，沿着滴水观音直走，便是十平方米的小阳台。阳台是吊兰的阵地。

由于居住条件所限，她只能在家里种些喜阴植物，广东万年青、橡皮树、吊兰、滴水观音是她的最爱。

曾经有朋友送给她一盆珍稀植物，当时她工作很忙，也没在意，没过多久植物就死了。她也很心疼，这才后悔没有抽空好好照顾它。有了这次教训，余智融认识到养花的确是一门学问，她开始购买书籍，向身边的花友请教。

"老的不是身体，而是不再学习的神经！"这句话常挂在余智融的嘴边。

退休后，她专心研究植物学，在自家阳台上种植万年青、吊兰、鸭趾木等植物。

2005年，余智融培育了第一颗种子，并在智能手机上记下种类、引进时间及育种情况。种子发芽后，她开始写成长日记。就这样将理论与实践结合，她的第一盆花养活了，剪枝分盆，越种越多。

走在家中，她仿佛置身于植物园，家里摆不下了，社区居委会特意给她在一楼开辟了一块场地养花。每天楼上、楼下跑，轮番"伺候"这些宝贝，她快乐着哩！

吊兰四季常绿　幸福代代相传

　　刘凌云爱种花，其中数量最多的，是吊兰。

　　听说吊兰能吸收甲醛，放在家里能净化空气，她就对吊兰产生了浓郁的兴趣。她从电视里吸收养花知识，每当有介绍园艺知识的讲座、科教片，她都雷打不动地守候在电视机旁，不仅看，还做笔记，在实践中慢慢揣摩。

　　她养的吊兰与众不同。别人家的吊兰到了深秋，大多会枯黄，而她家的吊兰，绿油油的，非常好看。

　　因地制宜，选对花种、花；该修剪时则修剪，有舍才得；喝剩的牛奶和淘米水都浇花的最好肥料，牛奶须稀才能用；养花不能太懒，也能太勤快，浇水施肥都须适而止。

　　——刘凌云「汉阳区」

她家的房子不大，仅有的小阳台采光条件也不够好，但她打破自身养花条件的局限，另辟蹊径，这方面条件不足，便在用水方面多费心，用洗米和洗菜的废水浇花，照样还是把花养得非常好。起初她只养了两盆，几年下来，扦插成活了十几盆，家里摆不下了，就种在楼道里。花花草草簇拥在一起，邻居看了喜欢，她就分发给邻里街坊。

女儿的家中，也摆放着刘凌云培育出来的花。但女儿要上班，比较忙，家中的花儿，远不及刘凌云养得好。刘凌云关心女儿家的花长得好不好，也关心女儿的生活、工作是否顺利；女儿经常会回去看望母亲，感觉母亲年龄大了，常常会叮嘱她各种注意事项。

单"恋"一枝花

希望武汉家家户户的阳台窗口都繁花似锦，这是汪宏的一个梦。不知他的梦想什么时候能够实现，至少他的阳台是一个开端。这个两平方米见宽的阳台上，摆满了200盆盆栽。

进入冬季，阳台被多肉植物雄踞，它们很精神，让人只觉冬暖胜春日。四个木槽里整整齐齐摆满了小盆，围着木槽则满是高低错落、形态各异的大盆，叶瓣层层叠叠，整个阳台就像是一场多肉植物的盛会。

养这么多花没别的理由，就是爱，那种从小根深蒂固的爱。从一点小苗开始慢慢看着它们长大，长满整个阳台，该开花的开到荼蘼，该长大的长得比别人家都好，这个过程令他着迷。

为了养花，没有条件也要造条件。

——汪宏「汉阳区」

武汉的气候并不适合养多肉植物，但他的每盆都"生龙活虎"，一盆"华丽风车"，一年半就培育出"老桩"的效果，他对自己"逆天"的技术无不得意。

他的多肉植物多是进口，土也全是进口的，他经常给它们腾挪位子，今天摆这里，明天换那里，有时还会拿一盆进来，放在茶几上，盯着欣赏一两小时再摆回去。说起自己的嗜好，他不好意思地笑了笑。有一种爱，叫爱不释手，他的阳台每天都有故事。

他憧憬能有一个大露台，他觉得现有条件仍委屈了他的花草。他笑言为了养花，没有条件也要创造条件。

他还说，这些多肉植物每天都不一样，有的上周还是绿色，这周就变成紫红色，就像人有千万种心情一样。阳光、气候、温度，任意一个环境细节的变化，都会让它产生变化，在明显的温差下，它们更容易"出状态"。

花在哪里　家就在哪里

　　十多年前，梁译丹和先生定居武汉，她利用家里较为宽敞的阳台以及房间的飘窗养花。她家里很多花并不是在武汉买的，而是从东北老家拿来的种子、球根、小苗木，其中有她最喜欢的扶桑，还有君子兰、昙花、丁香、双生茉莉、狗牙花等。从东北带苗的习惯她一直持续到现在，有时甚至连土壤也从东北老家搬来。北方的花长在南方的家，鲜花满园的院子，都是儿时温暖的记忆。武汉这边亲属不多，那些从老家带来的花苗，对她而言是一种别样的陪伴。

北方的花长在南方的家，
花满园的院子，都是儿时温
的记忆。
　　——梁译丹「洪山区」

　　如今她已经种了上百盆的花卉植物，一年四季花开不断，其中花期最长的当属扶桑，从五月份一直开到深秋，花蕾一茬接一茬。

　　似乎花种得愈多，她在这个城市里的根系就越深。每天早晨起床后，她第一件事就是到阳台给花草浇水，稍作打理再去上班；下班回家，她也是先到阳台观察花草的长势；每到周末，总有一天她会待在家好好伺候花花草草，修剪枝条，分盆换土。她的用心付出，花草都知道，它们也倾情绽放。

　　花草有魔力，先生现在偶尔也搭把手，帮她打理一下；昙花一现的时候，远在上海工作的女儿，专程回家欣赏；办公室的同事看到她家阳台上美丽的花，心生羡慕，也开始向她取经。

　　如今的武汉，对她来说，也是家园。

厨房变苗圃

陈爱玲家只有一方阳台。

素不相识的花友给她寄来一粒种子、一株小苗，在她家的阳台上就会变成一盆花、数盆花。空间有限，她就"见缝插绿"，餐桌、冰箱、电视柜上都是绿植，家里的每一个角落都有她养的花，随处可见绿意，就连儿子的卧室都被她"征用"了。儿子也逐渐接受了现状，学习疲倦的时候，欣赏一下书桌上的绿植，也还好啦！

……董的育苗步骤：
……珍珠岩培植根须；
……长出根须之后，换成二合一……
……炭土培植一段时间；
……进温室等待它长出新苗；
……盆种植。

——陈爱玲「黄陂区」

　　最让人惊奇的是她家的厨房，那里完全变成了一个苗圃。闲置的厨房很少用，而厨房的湿度、温度都比较适合植物的生长，她将厨房变成了育苗区，各种打包盒、不用的杯子，就连做瓦罐汤的罐子都被她用来扦插、栽种。特别是非洲堇的叶片扦插，令她特别有成就感，等待出根、转土、分苗，然后长壮开花，每一步都令她开心不已。

　　她养的花，在自己家里总是放不长。因为养好了就有花友要，她总是无偿赠送给花友。花友拿了花，养得很好，偶尔拍一张美美的照片分享给她，她就觉得这是对她最好的回馈。

用对土　养好花

　　不同的花喜欢不同的土壤，贺语诚精于园艺用土的选择。

　　绝大多数园林植物都比较喜欢中性土壤，也是一般人经常用的土壤；而杜鹃、山茶、白兰、含笑、珠兰、茉莉、八仙花、肉桂、棕榈、栀子花、油茶等在酸性土壤上生长较好；仙人掌、玫瑰、柽柳、白蜡、木槿、紫穗槐、木麻黄等则在或轻或重的碱性土壤上生长得比较好。

　　有两个方法可以帮助区分壤的酸碱性：

　　一是通过土壤颜色判断。生土壤一般颜色较深，多为褐色，而碱性土壤颜色多呈黄等浅色，有些盐碱地区，表经常有一层白色的盐碱；

　　二是通过手感判断。酸性壤握在手中一般是软软的，开后土壤容易散开，不易结，碱性土壤握在手中感觉挺实，松手以后容易结块而不开。

　　——贺语诚「汉阳区」

　　植物的生长离不开土壤，如果连基础的土壤与植物都不匹配，效果自然不会好。贺家花园的地面曾是石板，石板地面温度变化大，花盆直接放在石板上，不利于植物根部生长。他亲自从很远的地方运土运沙回来，在石板上铺了一层沙土，然后才放置花盆。

　　贺语诚家的花园不大，养着 34 盆各色花卉，不少花直接种在地上，他认为植物得接地气，才能长得好。

梦里有我有你还有她

余菊珍擅长变废为宝，利用废旧物品改造花盆，瞧瞧厨房里的绿萝花盆，是喝过的大可乐瓶改装的；阳台上的吊兰花盆，是用完的塑料油壶改造的；最近她将几盆多肉植物搬进了"小暖房"，"小暖房"是用孙女装芭比娃娃的透明包装盒改造的……虽然暖房比较简陋，却也能够保暖防寒，余菊珍从细处着手，为花园丰富创意。

用废弃旧物改造花盆，给
的花园梦添一点小心思。
——余菊珍「洪山区」

花园里的品种越来越多，仅仅废物利用已经远远不能满足养花需求。这时候，细心周到的儿媳买回铁艺花架，纯白的铁艺花架高低错落，不同的植物依次摆放在花架上，即刻成了一幅立体的风景画。

孙女从小就爱水粉画，她会在纸上画一朵朵花。与朵朵鲜花相伴在一起，大家似乎也能闻到花香。

养花养出好气色

冬天了，我会把院子里的都搬进房间里，不需要怎么水打理，然后就去巴马待上个月，明年三四月再回来。是因为这些花，不然我要住小半年。

——周翠萍「高新区」

三月中旬，周翠萍从广西巴马回到武汉。

巴马是"世界长寿之乡"，每年冬天，她都会去疗养休憩几个月，待到来年三四月间，她也必定会回来。一年之计在于春，春天是花儿生长的旺季，她须得回来伺候她的花儿，或分盆，或换盆，或扦插，或修根，都正当时。

每次出门之前，她都将花全部搬到室内，每次回来的第一件事情，便是全部将花搬到室外。搬进搬出，对 64 岁的她来说其实蛮辛苦的，可她还是乐意亲力亲为。

春雨落下来，淅淅沥沥，花儿在雨水的滋养之下，一个个精神十足，让她看不够，亲不够。特别是三角梅，养了一年都不开花，她因此时常念叨，对朋友念叨，对花念叨，说再也不喜欢三角梅了，像一个小孩子说气话似的。或许花也通人意吧，三角梅现在开花了。

　　花色艳丽，花甲之年的她，气色也好。她的生活离不开园艺，她的好气色也离不开花儿的陪伴。

落花无意人有情

对残疾人来说，养花更像一种对生命体悟的过程，生活像养花一样，有喜有愁，有笑有泪，有花有果，每天看到自己花园里的花，一切烦恼就没有了。

——李峰「武昌区」

2017年6月13日，李峰在报纸上看到花园家庭评选活动，在妈妈的鼓励下，他上传了自己的养花心得和花园照片等相关信息，成为花园家庭活动最早报名参加的花友。

李峰是一位非常特别的养花者，他行动不便，平时很少出门，对他来说，养花是乐趣，更是生活。

七年前，妈妈搀扶着李峰去散步，李峰看见一盆吊兰被丢弃在街角，貌似已经死了。已经走过去的李峰，不知为何又回头看了一眼，他发现其中居然萌发了一叶新芽。他将细芽摘下来，带回家，小心翼翼地栽在花盆里，精心照料，半个月后，新叶长出，李峰养花的信心也"破土而出"。

养花之后，他对生活的态度也产生了极大变化，现在，他会认真地说："养花是我的生活，养花使我幸福。"他已经养了 20 多个植物品种，60 多盆花草，比如青吊兰、银边吊兰、银心吊兰、玉珠帘、观音莲、米兰……

　　2017 年 9 月，他搬家了，这些花也跟着他搬进了新家，满满占据着两个花架。他一个人为它们浇水，一个人为它们松土，一个人为它们剪枝。

　　一个人养花的时间久了，他很想结交一些养花的朋友。眼神特别清澈的他还有一些害羞，默默地坐在几盆花草旁，看得出来他非常激动，言语间也能感觉到他的一丝落寞。

　　花园家庭活动给他开了一扇窗，让他在养花的路上不再孤独。他开始热心公益，勇敢为残疾人代言，为残疾人权益积极"呐喊"。

鹤发童心沃新花

互联网时代，老年人养花也新潮，八旬高龄的刘玉章拒绝老气横秋，他的花园生活像年轻人一样时尚。

自从刘玉章搬到一楼，花花草草就多种了一些，比如茉莉、茶梅、海春兰、蝴蝶兰、蚊母、红百合等，开花的植物还不少。刘玉章不仅喜欢栽种花花草草，闲来更喜欢用美图、PS 等修图软件，自己动手修图。

"反正年轻人玩的行当我都喜欢，美图用的多一些，PS 只是会一些基本的操作。"刘玉章笑言。

拍了漂亮的照片、配上一两句简单的文字说明后，刘玉章就会立马发到微信朋友圈，关注朋友的评论。自己养花过程中得来的点滴经验，他也会在朋友圈发一发，比如今天女儿给他买了一个花盆，20年前从云南带回来的"七叶榕"长着长着就变成了"五叶榕"。这些花园趣事，他也会在QQ空间里说一说。

抱瓮幸喜养花乐

或许是经历过战争，目睹过太多的死亡，90多岁的老红军赤峰对生命格外珍惜。

"这些花花草草也是生命，要认真对待才行。"这是他的口头禅。在他眼里，每一盆花，都是一条鲜活的生命。

看到别人丢弃的花，他会捡回来养着。特别神奇地是，花到了他的手里，每次都能够活下来，活得生机勃勃。

老人养了300多盆花，为了这些花，他哪里都不愿意去。老伴说，这些花啊，就是他的孩子。

这是君子兰，这是银杏，这是柠檬，这是朱顶花，这是月季，这是一串红，老人指指点点，一口气说了20多种。要说他最喜欢的，还数那盆啤酒兰。十几年前，他在海南开会看上了这盆啤酒兰，硬是千里迢迢搬了回来。

三分种，七分养，养花的，十之八九都和浇水施肥。一般情况下，浇水应该"不干不浇，干透浇透"则。勤快的人每天浇水，土壤积水烂根；懒惰的人不浇水，导致土壤板结，也容易缺水而死。"施肥，植物长得就越好"，这误的观念，施肥过多也会植物根系被"烧"死，氮多会导致植株陡长。

——赤峰「洪山区」

　　搬进了新居，看到偌大的阳台，老人喜出望外，完全不顾老伴的"警告"，大盆小盆地往家里搬，花花草草挤满了阳台。

　　谁也无法改变这个固执的老头，老伴只有改变自己的想法：他摆弄这些花草，锻炼了身体，人也开心，由着他吧。

　　孩子们帮忙在阳台上搭起了花架，帮他将花盆整理得井井有条，阳台上花红叶绿，看起来赏心悦目。开了花，结了果，老伴也开心，他到处喊邻里街坊去欣赏，给邻里街坊送果子；社区有活动，他拿出几盆花在社区摆放，向来豪爽得很。在他的带动下，小区形成了一个以他为中心的养花圈子。

热爱成就生活

张学勇的家，阳台内外都是绿，窗里窗外都是景。他的生活，同样精彩纷呈。他的爱好很广泛，喜欢运动，尤其喜欢打羽毛球、骑车自由行，还爱看画展，收藏古玩。每天早上，他起床的第一件事就是去小区遛狗，也算锻炼身体，然后回来侍弄花草，在绿意中开启一天的美好。

阳台绿化宜精不宜杂，宜造特色，忌面面俱到；阳台□宜小不宜大，宜以小型和□盆栽为主，挪移、换盆会□方便；阳台绿化安全大于□防坠落是阳台养植的重中□重，丝毫不能掉以轻心。

——张学勇「武昌区」

他说最开心的时候，就是每天关注植物的变化，可以静静地享受着这份乐趣。春天发芽萌动，生命是那么神奇；夏天叶满花开，生命又是如此多姿多彩；秋天果实累累，更是幸福满满；冬天迎风傲雪，植物又是那么顽强。植物的一年四季，就像人生一样，有苦有甜，有时是阳光灿烂，有时会有风霜雨雪，只有经历了，生命才会更顽强。

南湖花园祥和苑小区里绿阴浓郁，环境优美。张学勇在这里住了近20年，在小阳台上养花种草，愣是养成了一个绿色阳台。阳台上的红梅、白梅、金蛋子、罗汉松、对节白蜡、榆树、三角枫、兰草、茶花、幸福树、蕙兰、龟背竹、金钱树、长寿花、白掌等80多盆植物都是他这些年忙碌的心血，每一盆都是他的心头所好。

他养的花很少从市场上买，一方面是花友分享所得，另一方面就是自己扦插或者播种所获。这满盆的茉莉小苗，就是他刚扦插的，等长起来，就可以分盆，分给更多的社区居民。但凡社区居民来要苗，他不仅大方地给予，还主动分享养花经验。

越来越年轻

第 3 辑

越来越年轻

养花，不尽然只与退休生活或园艺、花艺行业相关，也是越来越多的年轻人所崇尚的一种绿色生活的方式，是繁忙工作之余的调剂，是恬静生活状态的选择，更是对生活细腻感受的一种表达。

这样一群青春洋溢的绿色力量是推进城市生态化发展的新生血液，也反映出花园家庭正朝越来越年轻的趋势发展。

心素如简　人淡如菊

"精致的小园，怎么摆机位都是美景。"摄像师说。

　　摄像师关注的是纯粹的美。以纯粹的眼光欣赏余力的后花园，不同的植物高低错落，这里的绿荫下藏着一只小鸭子，那里的花前端坐着一尊小佛像，小天使吹着乐器，小兔子背回了秋天的果实……恰到好处的饰物与精神饱满的植物融合在一起，一首田园之歌呼之欲出。

　　有人养花，手里只有水和肥，眼里只有红和绿。不是说这样不好，而是不够。花是活物，余力也有性格，她喜欢在花草旁边摆放稀罕的玩意儿。

　　她是任性的。

　　可是，她也明白，既然是生命，你就要懂得善待和呵护它，养花更需要学习和了解花的习性。通过网络，她接触到花友群，学到了非常多的养花知识，慢慢开始了解花的品种和习性。原来它们都有自己的喜好，有的喜阴，有的喜阳，有的不能淋雨，有的需要散光，有的要播种，有的可以扦插，有的是木本，有的是草本。花的世界真是太美妙了。

　　最开始的时候，她既不懂种花，也不懂如何美化庭院。从不懂开始，到如今春色满园，这个花园经营了多久？她的答案居然是1年。

　　短短的1年时间，余力就找到了花园的感觉，她更加有信心了。

　　养花，也是养性和养心，养花人不仅要懂得如何美化自己的生活，更要把美好传递给他人。

问花开未　绿肥红瘦

万卅卅，是一个养花"达人"。多年来，她经常和花友在一起交流养花经验和心得，互换花种，花友都喜欢叫她"裙子"。

以前，裙子的"花园"是一个大概 5 平方米不到的小阳台，花多得没有地方下脚。丈夫跟着她去了花友家后，回家就和她说："其实我们可以换套房。"

一星期之内，他们就换到了六楼，没有电梯，却有露台。

露台上花很多，比如多肉、矮牵牛、铁线莲——薇安、铁线莲——伊丽莎白、月季——金丝雀……每一种花都仅有一盆，花色不重复，整个露台犹如一个五颜六色的小"花海"，可儿子却说："妈妈你的花好丑呀，我不喜欢，花会跟我抢妈妈。"

被花儿需要，被儿子需要，她是幸福的。一花一世界，她的生活里都是花园，她的花园里都是生活。

我觉得养植物可以让人身愉悦，也可以促进家庭和谐。在，我只要看见好看的花就把它们搬回家，也希望自己来可以一直养下去！

——万卅卅
「汉南经济技术开发区」

"一钗裙"的来历：

我的园子和网名都叫"一裙"，因为我喜欢听戏，更醉于那段《女驸马》，所以用了《我本闺中一钗裙》里"一钗裙"。第一次养花大是七八年前，第一盆植物是姨父送给我的礼物——盆。当时，我为这盆盆景配了少盆栽，结果越养越多，也这就是缘分吧！

絮舞风花　午夜天涯

无论是微信，还是QQ，童志敏始终用着同一个昵称：蒲公英。在她的心里，或许一直有个梦，希望自己就是一朵蒲公英，随风而起，浪迹天涯。

我希望自己就是一朵蒲公
，随风而起，浪迹天涯。
　　　　——童志敏
「汉南经济技术开发区」

想不到，长大以后，她却成了一名律师。

从她少女时代的鸡冠花、指甲花、石竹、大丽花，到长大成人之后的米兰、茉莉、石榴、含笑、栀子花，再到花园里的欧月、天竺葵、矮牵牛、三角梅、铁线莲，从小到大，花儿始终相伴在童志敏的左右。

起初养吊兰，一切顺其自然，她不曾真正用心。一个偶然的机会，她被拉进一个花友圈，无意中瞥见高手养出的吊兰，那种蓬勃的样子，完全超出了她的想象力，她才觉得养花竟是如此高深莫测、又是如此浪漫无比的学问。

　　从此，她将工作中严谨、执着和认真的劲头用到了养花上。像所有童话里的故事那样，公主美丽而不好当。一切从零开始，她将花箱、园土、小苗、花盆、肥、药、园艺摆件一一纳入其中，精心准备着花园的每一盆花、每一个摆件和每一个花盆。

　　她的家，独门独院，前后都有一个院子，花箱、园土、小苗、花盆、肥、药、园艺摆件，无一不是她亲自动手准备和制作，繁忙的工作之余，她经常午夜仍在花园忙碌，家人戏称她是深夜种花的女子。

春色识返　君心何来

生命可以是一座玫瑰花园，
如果改变生活，改变你的思想，
在某个高度之上，没有风雨和乌云。
如果你生命中的乌云遮住了阳光，
那是因为你的心灵飞得还不够高。
大多数人所犯的错误是去抗拒问题，
他们试图努力去消灭乌云，
发现能升到乌云之上的途径。
那里的天空永远是碧蓝的。

这些枝条如果能扦插成
就又是鲜活的新生命。
—童丽「经济技术开发区」

读她，恰似读这首诗。

她戴着一头长假发，穿着裙子，一个人忙进忙出，为自己办理住院手续。"你们家病人呢？"进病房的时候，一位陪护的病友家属奇怪地问。

"我呀！"童丽回头灿烂一笑。

谁能想象眼前这个女人是个淋巴癌患者！

经历了12次化疗之后，她选择在家休养，可闲着也不是办法，她想起自己的花园梦，刚好屋顶有一片空地，可以用来养花。

于是，公婆帮忙挑土，老公搭花架，花友送小苗，她的花园在大家的帮助下诞生了。

如今，童丽的花园有几十个不同类别的花卉植物：傲人的洋水仙、娇艳的月季、热烈的天竺葵、灿烂的百合、奔放的铁线莲、纯洁的玛格丽特、蓝目菊、花毛茛、耧斗菜、太阳花、美女樱、绣球花、长寿花、酢浆草、葡萄风信子、香雪兰、朱顶红、唐菖蒲、石斛……

一年四季，花园里花开不断，灿烂多姿，这里成了朋友们聚会喝茶的好地方。

通过网络，童丽认识了很多花友，大家从线上发展到线下，每年春秋都会分别聚一次，分享养殖经验。

到了扦插育苗季节，屋顶好几个花架上摆满了刚刚成活的新苗。这些新苗童丽多半会拿去与花友分享，互通有无。

每次修剪下来的枝条，她都舍不得扔掉，她说："这些枝条如果能扦插成活，就又是鲜活的新生命。"

映窗泼墨　惜花留香

　　办公桌上的绿色小盆栽透着郁郁生机，缓解了工作的疲劳；会客厅里的绿植清新雅致，营造出舒缓而不失大气的环境氛围；公司里，因为植物的点缀，每一个角落都独具美感。职场女强人郑砚尹一手打造了别具一格的"绿色办公室"和"花园家庭"。

极简至美。

——郑砚尹「东湖高新区」

　　郑砚尹一直喜欢花花草草，只是，她忙于创业，分身乏术。几年前婆婆生病，她暂时放下工作待在家照顾婆婆，闲暇之时，才在阳台上认认真真地养起了花草。

养花会上瘾，养好了就还想买，然后接着养，再接着买。之后的两年时间，她就把自己陷进去了。那时候，满屋满阳台都是花草，先生的一句话让她开始重新审视花园家庭的美感。

先生说："多了反而就不好了，家里某些角落只需放上一盆，点缀一下，整个家的气质就被提上来了！"

她是学美术出身，自然懂得极简至美的道理，而且对自己下定决心要做的事都会确定目标，如同喜欢书法，要么不喜欢，一旦喜欢了，便追求品质。被鲜花簇拥的环境可称之为花园，寻求植物与环境的融洽，提升生活品质和人的幸福感，才应该是花园家庭的追求。

浓浓的墨香，淡淡的花香，当植物的清新与淡淡相宜的水墨在工作室相遇，当这位精明干练的创业女性安静地挥毫泼墨，女人的刚与柔完美地融汇于她身上。

闲花作伴　渐行渐远

　　走进陶楠家，一进门，你首先看到的是清新的文艺风，雅致的小院里摆放着不多的花，真花与假花的搭配，层次感特别分明，让人眼前一亮。

　　家里的每一处装饰，都是陶楠与丈夫精心设计的，他们从各自的名字中取出一个字，取其音，将整个空间命名为"彬兰丽舍"。一进门的花架，是陶楠的丈夫亲手做的。为了使花儿避免阳光直射，陶楠当窗挂上了芦苇帘。各种精致的小盆栽，被整齐地摆放在墙壁上，一大把簇拥着的满天星，被慵懒地夹在橱窗里。14岁的可卡犬"卡卡"，耷拉着耳朵，摇着尾巴，游荡在花间……

我希望自己养的每一盆都有属于这盆花的故事，而注着情感。

——陶楠「东西湖区」

　　"如果父亲还在，看到眼前的这一切，该是多么欢喜。"

　　陶楠的父亲曾养狗，也曾养花，陶楠喜欢养花，喜欢有生命的东西，很大程度上是受父亲的影响。倚在"彬兰丽舍"四个字旁边的茉莉花，是父亲亲手养大，现在由她来替父亲呵护。

今年春天，陶楠准备再种一些花，她不想简单地见花就养，她希望自己养的每一盆花，都有属于这盆花的故事，都倾注着情感。

有情感，有温度，有寄托，这才是花园家庭更深层次的内涵吧！

乐尽天真　何妨归去

陈靖的爸爸在花木城工作，受父亲的影响，她自然也很爱花草。家中的阳台上放满了她养的绿植，以多肉植物为主。

我想将多肉植物养殖过程中的点滴收获分享给更多的

——陈靖「洪山区」

多肉植物小小的，陈靖当初在网上看到它们时，就觉得好可爱。同时它们好养，不需要每天浇水，也可以长得很好，这一点深得她的青睐。

陈靖其实也挺有趣。养多肉植物之后，她刚开始很感兴趣，每个品种都郑重其事地记名字。

后来，她记来记去记混了，于是懒得记。所以，虽说养多肉植物养了三四年，自家花架上的一些品类，她都叫不上名字。

她养的多肉植物大部分是自己播种而得，而她也会用年轻人的方式，将多肉植物养殖过程之中的点滴收获分享给更多的人，还经常把自己的多肉植物赠送给朋友、同事，更有人给她发信息请教养护技巧，相互交流经验。

弦静无语　石沉有声

　　方小弦的"花房"是一个面积 50 平方米的院子。从一开始的刷院墙、设计布置，到露天木制品的维护保养、修枝剪叶，直到 2016 年她的"花房"才算暂时完工。每个阶段，她总有不同的想法，会不定期地调整，用她的话说："你知道的，园艺就是折腾，使劲折腾！"

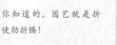

你知道的，园艺就是折
使劲折腾！

　　——方小弦「武昌区」

　　眼下，花房里有花，有草，有树，有鸟，有猫，有石头，有书桌，有摇椅……有的花木跟她十几年了，都是她陆陆续续亲手种下的；她种了很多果树，果子成熟了，鸟儿知道来吃；猫是她三年前收养的，石头是她在各地旅游时收集的，书桌、摇椅也都是她选购添置的，摆在花房里别有一番情调。她的爱人会在里面喝喝茶、听听歌、工作……花房之外的空地，也被她种了树木花草，远远望去就像绿色森林一样。

　　弦静小筑——这是她给花房取的名字。到过弦静小筑的朋友，都羡慕得很，也都被她带去了"花坑"。她看着他们在"坑"里摸爬滚打，很开心！

慢慢生长　慢慢生活

没开花的白菜苔嫩嫩的，掐菜苔时，你就该掐叶子中间刚刚长出的嫩茎；莴苣不仅可以吃茎，绿绿的叶子也十分美味，摘顶端的叶子就好，越往上的叶子越嫩……

幼儿园的小菜园里，绿意浓浓，黄小麟柔声细语地一边解说，一边示范。

从一粒种子开始，到第一片新叶萌芽，再到植物渐渐长高，最后到收获时节，黄小麟带着小朋友们参与培土、播种、浇水、捉虫和采摘的全过程。她经营小小的菜园，并非是为了让人享受美味，而是希望通过近距离接触，让小朋友们亲近自然、亲近绿色。

令她惊奇的是，植物哪怕有一丁点细微的变化，小朋友们都能感受得到，他们用稚嫩的小手指触摸绿叶，感受生命的神奇，分享生长的喜悦。有的小女生摘下黄灿灿的菜花，美滋滋地说要带回家送给妈妈，而小男生说他家经常炒粉，可以把菜叶与粉一起炒，说得其他小朋友都咽口水，吃午饭都比平时香了。

从事幼师工作和侍弄花花草草，都是黄小麟的最爱。月季、玫瑰、茉莉、栀子花、杜鹃，但凡能开花的木本花卉，黄小麟都喜欢养。家里没有小院，没有露台，她就在阳台上养。

她将自己钟爱的两样事情，完美地结合在一起。

小园香径　陶陶任性

每天唤醒华小丽的不是梦想，而是花香。

盛开的花朵，一向被她视为最好礼物。

一朵花开的时间，虽不能与她照料它的时间相比，但正是这样才显得弥足珍贵。

每天唤醒我的不是梦想，
是花香。

——华小丽「汉阳区」

她本是设计专业出身，为了营造一个贴近自然的氛围，她开始规划自己的露台花园，坐在各色绿色植物之间，抬头赏花，低头品茶，与家人和朋友分享美好的事物，这是她喜欢的画面。

她爱花，也爱茶，露台于她，既是茶舍，也是花园。

作为一个养花新手，曾经很长一段时间，她都在花友群里"潜水"，默默地听养花达人讲解。有朋友告诉她，养花要及时修剪，她没有听，看着艳丽的花朵，她舍不得剪掉，直到那些花都稀疏地拉耸下来，她才好一阵后悔。

因为工作的原因，她错过了不少花开的瞬间，这令她特别遗憾。每一朵含苞待放的花朵，都是她继续养花的动力。从第一株玫瑰花苗开始，吊兰、百合、蓝雪花等各种各样的植物都经她亲手打理，因此更令人珍惜，也更令她痴迷般渴望了解每一朵花。

一地芳菲　天马行空

　　烟雨迷离的三月，在八一花卉市场那个转角的小店里，李欣芳意外地发现了许多花，它们或明艳动人，或低头娇羞不语，或花团锦簇，或素净淡雅。按捺住心头的惊喜，她把花儿悉数搬回自家小院，从此一发不可收拾。

自然浸透了我许多的灵感浪漫。

——李欣芳「江岸区」

　　龙沙宝石、胭脂、韦尔西尼、威基伍德、柴可夫斯基……听名字只觉它们浪漫美好，真正养护起来，其中的门道可真不少，日常浇水的管理、月季基质的配制、冬季花枝的牵引与修剪……那段日子的她，每天趴在各个养花论坛"取经"，拜师学艺，购物车里也全是园艺书籍。

渐渐地，廊架上的藤蔓月季日渐丰满，她急躁的小性子也被磨平了不少，还敢徒手拂掉那些恶心的毛毛虫。与所有爱好园艺的姑娘一样，折腾，来回地折腾，李欣芳不要开发商给予的"千篇一律"，一定要在这里构筑她自己的梦想花园。

　　一有空，她就去花卉市场，看各种花器、应季花草，加上自己天马行空的创意后，收获的是各种惊艳和欢喜。即便是冬季，她也没闲着，细细收拾园子里的枯枝败叶，一干就是两三个小时。

　　红与绿为邻，山和水为友，小院现在的模样，其实也是她的模样。

花间野意　胸中烟霞

　　年轻人养花与老年人养花有哪些不同呢？"80后"杨智有自己的观点：首先，老人养花喜欢养大盆的植物、能结果实的树木；而年轻人因为工作压力大，闲下来的时候养花种草，这是个人兴趣点，也是放松自己的一种方式，相对来说更崇尚好养的植物，而不是让花草成为生活的负担。

花在这里晒太阳，
生这里晒心情。

——杨智「江岸区」

其次，从外观上看，老年人养花对花盆与植物的搭配不太讲究，可能随便找一个盆就可以种植物；而年轻人更注重植物与花盆的搭配，会选择一些精致的花盆来搭配一种绿植，或者选一个漂亮的花架来放置盆栽。

杨智的家里就是这样，漂亮的花架，小而别致的花盆，客厅的电视柜旁，卧室的小窗台上，还有房间的电脑桌上，皆可见星星点点的绿意。

阳台上的花多一些。

花在这里晒太阳，他在这里晒心情。

转角遇见绿，蜿蜒在老街巷里的青葱野趣

第 4 辑

转角遇见绿，
蜿蜒在老街巷里的青葱野趣

里份，作为武汉市独特的民居形式，有着上百年的历史沉淀，中式石库门、土库门、欧式小洋楼以及中西合璧的门楼，围合式结构，狭长的走道，展现出武汉这座城市独特的地域文化魅力。里面的生活设施多为公用，邻里关系也融洽和睦，但也正因为街巷老旧失修，无物业管理，无绿化投入，跟不上时代的发展，也给居民们的生活带来了诸多不便。

以三德里、中铁花园为代表的老街巷，居民们用花草饰家，或者以个人带动群体，或者合力造绿，在有限的空间里开展邻里间的绿化互动和分享，在不太理想的居住环境之中，自建绿色长廊，造出一片洁净之地，几条寻常巷陌开出了一片片姹紫嫣红，留下绿荫萋萋。

在本书出版时，三德里已拆迁。

大半条巷子上百盆花

　　站在绿意盎然的老巷深处，抬头即见花开艳丽的阳台，那就是蒋冬云的家。

　　"她会养花，大半条巷子都是她养的花。"因为花养得好，社区居民都知道她。对她来说，养花只是爱好，爱着爱着就成了习惯。阳台不大，而她的兴趣很浓，养着养着家里的阳台就放不下了，她只好将一些大的花盆搬到楼下的巷子里放着。

　　百米长巷里，她养的花草摆了上百盆，有樱花、腊梅、茶花、桂花、栀子花、含笑、桔子树、菊花、柠檬、蔷薇、月季、紫藤、桃树、海棠、八仙花、百合、三角梅、米兰、迎春花、白兰、茉莉、瑞香、文竹……

养花只是爱好，爱着爱着
了习惯。

——蒋冬云「武昌区」

00/

上百盆花草，老藤未老，又添新绿，每年"五一"前后，巷子里的花开得最热闹，半壁墙的大红蔷薇花好看极了，不少邻居拍下来作为手机屏保图片，有的还传到网上供大家欣赏，有的抱着小孩在花墙下拍照留影，有的依依不舍看了又看，一天来看好几次……

一花独放不是春，万紫千红春满园。这一切她看在眼里，喜在心里，养花更有劲了！

从花友中来　到花友中去

王子珍的花园里种植了上百盆植物，几十个品种，不少来自花友。比如，樱桃树是吴老先生送的，葡萄藤是赵老师给的，花椒树是徐婆婆给的苗……

1年前，她还是一个养花"小白"，说不上对养花有多么大的兴趣，只是退休之后闲不住，于是就去老年大学报了舞蹈班、瑜伽班、花卉盆景班。

在花卉盆景班，花友之间的热心分享、热情互动感染了她，老师的讲课内容她越听越有味，去花友家里逛"花园"越看越上瘾，她的兴趣越来越浓，也顾不得舞蹈班、瑜伽班了，开始一心种花。

每次去花友家参观，看到他们把花养得那么好，她很羡慕；他们赠苗给她的时候，她就下定决心，一定要把这株植物养得像人家那么好。

养着养着，她的养花规模从最开始的几盆花，变成了现在的楼顶小花园，仙客来、米兰、三角梅、杜鹃花、樱桃、贴梗海棠、露娜莲、锦晃星、铁线莲、"戴纽特"、葡萄、紫藤等数十种草本植物、树木盆景，错落有致地一排排摆放在一起，整个楼顶焕然一新。

她用大桶小罐接满雨水浇花，用果皮菜渣自制有机肥，还向别人讨煤渣……她一边学习着，一边用心养护着。现在，她自己也能繁殖新苗回赠花友了。

住惯了的洪益巷

洪益巷巷子深，有些年头了。这条巷子里住的大多是老人家和一些从其他地方来武汉打拼的打工者，每天有人走，也有人来。刘吉源是武汉本地人，在这里住了几十年，住惯了。

退休之后，空闲的时间多，他和老伴在自家院子里种起了花。地方不大，他种的也不多，就想着家门口有点绿色植物，看着舒心。

种好了，赏心悦目，大家看得到花，也闻得到香，周围人很高兴。

——刘吉源「江汉区」

种花的人得格外注意，种好了，赏心悦目，大家都看得到花，也闻得到香，周围的人很高兴；若是搞得很脏，有气味，有虫子，地下有落叶，人家就会讨厌你。所以他十分注意，该修枝就修枝，该扫落叶就扫落叶。也正是因为这样，他种花，隔壁左右的邻居都很喜欢，社区也很支持。

　　现在，整条巷子里随处可见一些盆栽绿植，比如绿萝、海棠、吊兰、辣椒、美人蕉、杜鹃、菖蒲、茉莉花……这些都是他的"作品"。

　　每年他都会更换一些品种，留下一些既好看花期又长的盆栽，保证每个季节有四五种花同时开放。他说，像我们这种老巷子，要是没有一点花草，看起来就没有活力。

带一把椅子来"哧天"

杨友保的花园，就在
小区十字路口的边上，人
来人往，大家都看得见他
家园子里的兰花、兰草、
铁树和小叶紫檀。

他在这里放上几把椅子，走累了的老人都喜欢来这里歇歇脚，还有
一些常客会自己带一把椅子过来。这里绿化搞得好，有花有草，春天来
这里，你能欣赏许多美丽的花；夏天来这里，有大树遮阴挡阳；秋天来
这里，菊花楚楚动人；冬天来这里，街坊四邻一边晒太阳，一边"哧天"，
其乐融融。

这里是爹爹婆婆们最爱聚集"哧天"的地方。主人人缘好，很热情，
不管是谁家里有困难，他都主动帮忙，大家也都喜欢与他接触。他们喜
欢花，他就送一些给他们，让他们也学着种。

春天来这里，你能欣赏许
多美丽的花；夏天来这里，有
大树遮阴挡阳；秋天来这里，
菊花楚楚动人；冬天来这里，
街坊四邻一边晒太阳，一边"哧
天"，其乐融融。

——杨友保「江汉区」

来这里歇脚的爹爹婆婆们都是几十年的老街坊，知道他门前的花都是自费购买，自己培育，一天天地长大，像养孩子一样非常不容易，所以他们也都非常爱护，自觉地维护这块来之不易的"绿色花园"。

　　小区没有物业管理，绿化养护的难度比较大。天热的时候，他会主动给门前的树浇水，对低矮的树枝进行修剪，树叶上的灰若重了，他也会去清洗。

　　虽然摆放在门口的花儿还是难免会被偷窃，但他仍然不肯把花摆进房间，花儿需要露水，他不想委屈花儿。

119 街的兰屋

在青山区 119 街一栋老式居民楼的楼顶上，150 多盆盆栽让人目不暇接，这是马尾松，那是黑松，这是龙柏，那是真柏。这些乍看上去很像却又不同名的松柏，一般人很难分辨。

病虫害倒是没什么，最大问题是季节和气候。

——关可云「青山区」

但关可云却了如指掌。他每天待在楼顶的时间至少有 6 小时，观察它们，有时比打理它们更重要。病虫害倒不用担心，最令他不安的是武汉的湿冷气候，很多从异地引进的植物适应不了，生长得最好也最让他省心的还是对节白蜡、榆树、檵木这些湖北本地植物。

楼顶还有一间"兰屋"，里面种植有建兰、墨兰、春兰、蕙兰、黄金小神童、拖鞋兰……兰花怕冷，特别受此优待。他也特别爱兰花，其他植物所用的，都是他自己配制的天然肥料，唯有兰花，独享从市场购回的复合肥。

从他最初开始养花，迄今已有 20 多年。20 多年的时间，改变了这座城市，武汉每天都不一样，而不变的是他对绿色的期望。

"淘" 出一个明星花园

"这个院子以前可不是这样的，以前是一片荒地，全是石头。你看，现在完全变了，一年四季都可以看到不同的植物。"说起眼前这方庭院的变化，53 岁的雷裕钢乐开了花。

当时院子的荒地下面全是建筑垃圾，他闲不住，借来工具，和妻子两人从捡石头开始，慢慢打理。工作之余，他骑着摩托车去东湖拖土，十几里的路程，他每次扛两蛇皮袋的土回来，前后用了两年的时间，才彻底解决了土壤的问题。

院子里的植物 80% 以上都是他在市场上"淘"回来的，看到喜欢的花草他就去花市买，自己不懂的品种也买，回来后就去网上查资料，了解它的习性，在实践中不断地学习和摸索。他平日不抽烟，不喝酒，不打麻将，工作之余将全部精力都投入到小花园中。2005 年之后，小花园逐步有了起色，渐渐形成了现在的规模。

他家的小花园辨识度很高，已经成了附近居民眼中的明星花园。

他看着果树探出花蕾、长出花冠、挂上小果，果实先如孩子的拳头般大小，然后又渐渐似壮汉的拳头，其色由青而渐显红晕，几阵秋风吹来，便成熟了。他把这些果子打下来送给邻居品尝。果子虽然不值什么钱，但因此与邻居之间可以串串门、聊聊天，生活平添了许多乐趣。

牛奶浇出茉莉花

　　徐珍是船机社区有名的"花匠"。

　　茉莉、百合、米兰花、月季、蔷薇、紫藤等，姹紫嫣红，她在自家门口的小院里种满了各类植物，有的刚刚萌发绿芽，有的正在开花，有的已经挂满金黄色的果实。从她家门口走过，居民都欢喜，说她家的花比花市的都好看！

把花送给大家，就能让更
多人有个好心情！

　　　　——徐珍「青山区」

她养花舍得下本钱：浇花的水是自来水；浇花的肥，是油料种子经过榨油后剩下的残渣；她还喜欢用喝剩的牛奶浇花，给花浇水比她自己喝还开心，用牛奶浇过的茉莉花，开的花一个比一个大。

　　"开心无价。"她笑着说，"花花草草给人带来了不少的快乐，值得。"

　　施肥，除草，浇水，这些于她而言，都有一种不可言喻的快乐。

　　她的身体不是很好，儿子主动承担起院子里的重体力活，知道母亲喜欢植物，每年在网上给她买种子。网上的品种很丰富，选择性也更多，有时买回来的种子不合时节，没有养活，她很是惋惜。

　　她十分珍惜自己的劳动成果，却又可以不吝啬地将其赠送给他人。她说："如果种花只为自己，那不是我想要的，把花送给大家，就能让更多的人有个好心情！"

不要摘曹奶奶的花

退休以前，曹柏梅从事园艺工作。

工作多年，她积攒了很多园艺知识，自己却没时间在家养花。

2006 年，曹柏梅退休并搬了家，住到一楼。她养的第一盆花就是吊兰，就是这一盆普通的花，开启了她的养花生活。君子兰、栀子花、梅花、月季陆陆续续进了门，慢慢地，她养的花越来越多，大部分都是自己培育。家门口的绣球花，就是她自己扦插的，五月花团锦簇，很是美丽。她还将屋后的杂草拔除，种上了百日草，红的、紫的，色彩不仅丰富，而且艳丽，一丛丛的，让光秃秃的平地变得异常生动。

说起养花，曹柏梅说，这就像是在养一个孩子。

每天早上起来她就会看看，总能发现新变化，今天长了几片叶子，明天开了一朵花，看着一株小苗慢慢长大，这个过程让人很欣慰。

养花，如同"养心"，心则身体康泰。

——曹柏梅「青山区」

2013 年，刚刚评上"花园家庭"，她因患重病做了一次大手术，术后恢复得挺不错。后来，她每天忙于养花，几乎忘了自己是一个病人。

在种植花草的过程中，她的病情得以舒缓，收获了健康和快乐。同样，她希望别人也获得健康和快乐，她说："现在年轻上班族工作忙，每天下班也晚，比较容易疲倦，其实我觉得，年轻人也可以试着养养花草，哪怕就在阳台上种植几株，可以让心静一静。"

在她看来，养花，如同"养心"，心安，则身体康泰。

嗨，老伙计

刘胜利：花之魂魄

以前他们在一个单位上班，现在他们在一个小区生活，他们是同事，是邻居，还是花友。

他们约着一起去逛花市，一个人买回了一盆花草，通过扦插繁殖，几个人就都有了。他们互换小苗，分享得失，在日复一日的辛勤播种、浇灌、培植下，他们之间的情谊，如同他们养护的花草一样，越发动人。

在社区众多养花人之中，刘胜利是最具代表性的一个，他与植物结缘已有20余年，没退休之前就喜欢养些花花草草，2000年因遭遇车祸而致使双腿截瘫后，他行动十分不便。遭遇人生如此重大的挫折，他用了8个多月的时间才接受现实，继续和妻子一起打理面积30平方米的花园。以前，妻子只是帮帮忙，做些浇水、剪枝等日常养护工作。虽然夫妻俩偶尔在剪枝造型上会有不同的意见，但花草似乎也懂他们，不会怪谁剪坏了，依然乖乖地长得很好，绿意盎然。

花草似乎也懂得我们，不□谁剪坏了，依然乖乖地长□好，绿意盎然。

——刘胜利「洪山区」

　　妻子出门时，家里就剩他守着这些花花草草。他爱坐在院子里，一坐就是几小时。天晴时，他坐在院子里晒晒太阳；下雨时，他也坐在院子里，看雨水落在叶片上。他说："欣赏这些绿色的植物可以调节心情。"

罗云珍：花之书香

　　罗云珍的脖子上挂着一副老花眼镜，她取出放在床头的书——从社区服务中心借来的《健康花草》，书中对花草的养护写得很详细，没事她就看看，看到自家种的那些花，她便在那一页夹上书签，以方便查找，有些她甚至还自己手抄，做笔记。

退休了，空下来了，我不打麻将，也不爱凑热闹跳广场舞，就做点儿自己喜欢的事，看看书，养养花。

　　——罗云珍「洪山区」

几十年了，经验就慢慢积起来了。

　　——沈道琪「洪山区」

沈道琪：花之清影

"不对，不对，我觉得要从这个角度拍它，才能体现出它的造型美，你觉得呢？"沈道琪不断地提醒着前来赏花的花友。从 60 年代起，他就开始"玩"花，是的，养花于他就是一件好玩的事情。活到老，玩到老，他不仅种植经验丰富，更是熟知从哪个角度拍花最好看。

龚明松：花之静好

　　就像姑娘每天早上起来都要梳头一样，龚明松每天早上起来必到院子里看看自己养的花。每天观察自己养的植物，再细小的变化他也能觉察得到。

种桃种李种春风，养花养草养心灵。不久，有人回赠了他一首诗，题目就叫《盛大爷的花园》：

屋前植树，屋后种菜，盛大爷撒下种子，一阵风来，橙黄蓝紫，红的红，绿的绿，捻一叶猴三七搽在我的伤口，草药代表治愈和仁慈，青涩的枝头轻盈，熟透的果子落了地，叫不出名的许多花木，一起沐浴阳光，长出别样光景。

岔着逛花园

冯广传16岁来到武汉，在新华书店工作了一辈子。

年轻时，他便在单位的楼顶养花，利用在书店工作的优势，他看了很多关于花草的书，慢慢地越养越好。退休之后，有更多精力和时间专心养花了，他在家养了几十盆花卉植物，把家打理成了名副其实的花园。

小时候，邻居家有个大花园，养了很多花，我经常去玩，不知不觉在心里播下了一颗绿色的种子。

——冯广传「洪山区」

7年前，他搬到南湖，新房没有阳台养花，搬来的花也没地方放置，物业和社区得知后，专门指定给他一块空地，还帮他做了花架。他的花因此有了一个开放的空间，这空间也成为一块绿色共享之地，就连打扫卫生的阿姨，在工作的间隙，都会经常来这里看看。

　　每年到了夏季，一天得提十几桶水浇花，他一个人提不动那么多，这时邻居们便主动过来帮忙，真正是共享共治。

昌年里的巷子深

每年年底的惠民送花进社区活动给不少爱养花的居民送去了福利，也吸引了一些从未养过花的居民，开始学习养花，爱上养花。

刘建平就是其中之一。

居民领回了花，一一摆放在自家门口，一天浇两遍水，养大了掐枝重新扦插，分成好几盆，花结了籽收集起来，来年再埋进土里……一年又一年，领回来的花在这条巷子里过了一冬又一夏，依然长得很好。

就这样，一条老巷顿时变成了花巷。

与家门口的花花草草相伴，是刘建平最好的闲暇时光。每天早上小外孙还没醒，她就起床浇水、松土、插枝；每天晚上把小外孙哄睡了之后，她就看看别人的养花故事，学习别人的养花经验。

她在昌年里住了几十年，看着这条老巷子如今绿意盎然，她很高兴，因为其中也有她贡献的一抹绿。

根蟠叶茂赤子心

花王——这是社区书记对何仲渔的赞誉。

何家花盆一尘不染，花间找不到一片败叶。邻居说，他连绿叶都会一片片地洗。

何仲渔住在三德里。10年前，何仲渔和老伴搬到这儿，夫妻俩利用社区有限的空间，先后培育了80个品种，近200盆花卉，不仅自家门前种着花花草草，就连对面也养了一些。门前约10平方米的空地上，前排有九里香、米兰、月季，后排是三角梅、丁香、君子兰，连南国"独木成林"的榕树也种得有模有样。社区怕地方不够，还专门为他搭起了支架，以便层层放置。

「三德里」
位于汉口大智门车站前的站路附近，与之相连相通的公德里和宏伟里，原是法租繁华地段。

养花要有耐心，要经得住间的考验；养花要细心，对分、光照、肥料等有严格的求；养花要有恒心，千万不养两三日就放弃；养花要勤，每天都要对花进行打理、水、剪枝、晒太阳。

——何仲渔「江岸区」

继何仲渔之后，三德里越来越多的人也开始养花，社区因此有"花园社区"之称。

何仲渔并不满足。春季绿叶遍地，夏季百花争艳，秋季桂花飘香，冬季梅花奔放——这才是他心中理想社区的模样。他希望能够亲手实现自己的理想。

养花化解孤独

卢雪梅养花，不是养在家里，而是养在社区。

在屋前和巷子两侧，她摆放有 200 多盆各种各样的花卉盆栽。

花就摆在那儿，不仅美化了社区环境，走过路过的人看得见花姿，闻得到花香，谁会无动于衷呢？

大家纷纷过来看花，饶有兴致地与卢雪梅交流养花心得，场面温馨，其乐融融。

养花能化解孤独，让我老所为，老有所乐。

——卢雪梅「江岸区」

看花的人中多半是老人。孩子一早出门上班，晚上天黑才回来，每天从早到晚，老人多半在孤独中打发日子。

　　这些花儿，让他们走到了一起，有话可说，有事可做。他们主动参与到花卉的养护之中，给花浇浇水，松松土，拾拾落叶，拔拔杂草，自然而然地，他们也聊一些家长里短。

　　老有所为，老有所乐。卢雪梅说："养花能化解孤独。"

玩转"开心花园"

保成路那块上百平方米的小区闲置空地，被居民们携手打造成一片"开心花园"，里面种满了白玉兰、蔷薇、桂花树、枣树、米兰等植物，大家还在里面种果树和蔬菜，老老少少玩得不亦乐乎。

自己动手开垦，尝尝收获
果实。
——邓玉良「江岸区」

老年活动中心广场的一角，原本是一个荒废的煤炭坑，长期未投入使用，导致周边堆满了杂物和生活垃圾。邓玉良就想着自己动手，改善自己的居住环境。见邓玉良要改善社区环境，附近的居民便也纷纷加入进来。80多岁的张婆婆"承包"了一半面积，她表示，空地闲置着真是可惜了，种些桂花树、橘子树、蔷薇、兰花等植物，不仅可以绿化环境，居民路过时心情也会变得愉快。

于女士平时工作较忙，但也喜欢在自家阳台上种些花卉，加盟改造这块空地后，她就可以多种一些，街坊邻居也可以尝尝收获的果实。

对于邓玉良联合6家居民在小区内开垦出"开心花园"的做法，小区大部分业主表示支持，还有居民商量，也准备买些花苗跟大家一起种。

露一手

赵建初住在汉正街。这是一处典型的汉正街式的建筑，底层都是商铺，商铺之上才是小区住宅楼。这里房屋拥挤，光线一般，养花实属不易。

赵建初从1997年开始养花，在走廊沿边养了一些，以草本植物为主。走廊阳光有限，冬季更不足，给养花增加了一定的难度。

花的营养很重要，氮、磷、缺一不可，用法和用时又不□。春天应该多给氮肥，让枝茂盛，气温升高到10℃左□的时候，就要开始给磷、钾了，让植物尽可能地多出□；到了夏季，又要施氮肥，□磷、钾肥；到了八九月剪□的时候，又需要氮肥，这时花会争相开放。

——赵建初「硚口区」

他在大约15平方米的阳台上养了君子兰、蟹爪兰、米兰、矮牵牛、石榴、杜鹃、六月雪、三角枫、罗汉松、绣球花、菖蒲、雀梅、榔榆树、金银花、腊梅、茶花、红枫、毛桃、四季果、海芋等，共有50多盆。他是堤角花鸟市场的常客，许多店铺的老板都认识他。

他养得最好的是米兰。

养好米兰必须要掌握好冷热交替、气候变化、出房进房的时间。来年开春，要等气温稳定时才能出房，出房前，应让植株有一个适应气温变化的锻炼过程，例如中午搬出来晒晒太阳，晚上再搬回去；盆花放在室内时，逐渐打开窗户等。花了五六年的时间，他才总结出这些经验，他把这些经验告诉花友，希望花友少走一些弯路。

处街坊　养闲花

每天在小区里进进出出，成天看到的就是由水泥浇注的院子，光秃秃的什么也没有，于是，退休后的万国栋在自家门前种了30多盆花。一开始，他又是买书看，又是请教人，又是找土，又是沤肥，忙得不亦乐乎。邻居驻足观赏之余，也颇受鼓舞，一家接着一家都开始养花了。万国栋的花越养越多，经验也越来越丰富，邻居没事都来请教他。因此，他还被邻居推选为楼栋长。

天井四季有花开，月月有会，大家聊聊花开，谈谈虫。

——万国栋「硚口区」

小区里的楼房围成回字形，300多户人家在一个大院里住了这么些年，邻里之间的关系比较亲密。谁家有个困难，哪家需要帮助，邻居看在眼里，都会力所能及地伸出援手。院子中央的天井里砌了三层台阶，台阶上整整齐齐、满满当当地摆着各类盆栽，没有什么分割线，没有什么空档，大家把花集中摆放在一起。天井四季有花，他们月月有聚会，天天有说有笑地讨论、争论。争执不下的时候，大家拿起茶杯，换一个话题，聊聊花开，谈谈虫害。

"但得夕阳无限好，何须惆怅近黄昏？"万国栋喜欢这两句诗，每天围绕着花木，他有做不完的事，比如外出找塘泥和腐叶土，在家蟠扎、修剪、除虫，哪怕什么也不干，只是静静地观察，研究树干的趋势、动向、疏苗、藏露等关系，他也很充实。

种树好乘凉

　　家住古田街古画社区的王代君，他的家里没什么花，也没什么盆栽，却自己投入资金在周围种了一圈樟树和冬青，为社区撑起了一片绿荫。

　　香樟树在四五月开花，花很小，成片成行非常漂亮，而在炎热的夏季，树叶茂密如林，它能遮阴挡阳，树下的温度要比别处低好几度，而且少蚊虫。

　　进入寒冬，香樟树还穿着碧绿的"夏装"，而春天恰是香樟树换叶的时候，旧的树叶落下，新的树叶萌发，生命是如此从容。

他是花园家庭活动参与者最特殊的一户，在社区建起一道生态围墙。它有吸尘消功能，还会"光合作用"，城市除碳增氧。

——王代君「硚口区」

一棵一棵的树，排成一道绿色的城墙。为了修剪好这道"绿色城墙"，他还特别从网上购买了一把进口的长剪子，长有数米。他并非园艺工出身，修剪完全靠摸索，靠一点一点去尝试。别看他种的香樟树修剪得非常平整，其实这是一件很费功力的事情，目前他修剪起来已经非常娴熟。

这道"绿色城墙"经历的最大一次考验是棉铃虫的入侵。发现叶子变黄，他心知不妙，赶紧向园林部门求救。硚口区园林部门迅速派人上门进行了灭虫处理，他特意用笔记下了除虫方法，以备日后自行养护。

把花种到街面上

住在这条街上的人家，几乎都在养花。他们不是把花养在屋子和院子里，而是把花都栽种在临街的地面上，花朵都朝外开，门前绿意盎然，令人赏心悦目。张泽洲毫不掩饰自己的自豪，这种养花的氛围都是被他带动起来的。

他一心一意在门前种花，看过的邻居都说好看，于是，大家纷纷效仿，在屋前屋后种上花，一家挨着一家，连成一片，一条街郁郁葱葱，如同一条绿色的长廊。

惠民送花活动一开始，他立即报名参加，送给他的花，邻居想要，他就转送给他们。

我的心里有一座花园，花都朝外开，门前绿色盎然。
　　——张泽洲「黄陂区」

参加花园家庭颁奖活动时，按照活动规则，他可以携一人入园，很多人都选择带家属，而他却带了一名花友前往。他还说，如果能多带几名花友同行，他自己不要奖励都行。

　　他说，自己身边有很多养花人，也想参加花园家庭评选活动，但因年龄偏大，不擅长网络操作，只能望洋兴叹。他冒着酷暑，骑着脚踏车，穿梭在红花绿叶间，热心地帮这些花友拍照片和整理文字资料。

　　能帮到这些花友，张泽洲很开心。

远亲不如老街坊

桥西社区是武汉典型的老式社区，建筑风格一致，七弯八拐的巷子，住房之间点缀着一些小小的店铺。

张全发家住一楼，门前就是郁郁葱葱的小花园。花开的时候，街坊都会到这里来看看花，在这里拍照留影。张全发翻出街坊在花园拍的照片，照片上的街坊个个都笑得很开心，花美，人也美。

花园里有几盆多肉盆栽，是街坊放在这里的。街坊有生病了或者种不好的花，有时会拿来，他就帮忙养一下，最后有好多还真的就养好了。

我从退休就开始养花，一直到现在，已经有 20 多年了。街坊有生病了或者种不好的花，有时会拿来，我就帮忙养一下，最后有好多还真的就养好了。

——张全发「汉阳区」

俗话说，远亲不如近邻。儿女们都在各地打拼，只有逢年过节才能回来看望二老，平时家里只有张全发和老伴。张全发说，社区对他们养花也很支持，时常会过来询问他们养花的近况，平时街坊也很照顾他们。正说着，一位街坊拿来了替他们代买的花盆。

夫妇俩对街坊也是好得没话说。花园里种了三七，张全发拿三七泡酒，夫妇俩都不喝酒，等酒泡好了，他们就送给街坊；新种的紫吊兰很多街坊都很喜欢，只要街坊愿意种，张全发都会扦插成活之后送给街坊。老伴还养了许多绣球花，也会赠送给社区居民。

一个小花园，维系着一份浓浓的邻里情。

时光淬炼，生命传续

第5辑

时光淬炼，生命传续

有那么一群人，一入芳菲而不知归去。他们的园——绿是深邃的绿，美是让人屏息凝视的美。你凝望着小池中穿梭的鱼，脑海中浮现的是《小石潭记》里的美妙遐想。秋高气爽的月夜，树、石、水犹似朱自清笔下的荷塘分外柔美。假山和亭台楼阁相映着夕阳，就是一幅古色古香的水墨画。

他们沉浸在花艺世界里，将养花这件事做到极致。一草一花、一砖一瓦，融入巧思与技艺，他们用双手糅合出有温度的作品，精心雕琢。这种传递自然生命力的匠心与专业态度，我们称之为"匠人精神"。

写取一树碧连天

站在露台，远眺长江，江水浩浩，一切尽收眼底，令人心旷神怡；低头近看，水榭亭台，花鸟虫鱼，动中有静，静中有动，美不胜收。花费10年的时间，面积130平方米的屋顶露台被宋林耕亲手打造成了一座看得见江景的"怡园"，也是家人品茶会友的乐园。

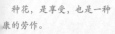

种花，是享受，也是一种
康的劳作。
——宋林耕「武昌区」

设计之初，他犹豫了很长一段时间，前后七易其稿而不定，每天对照着设计稿用砖头在屋顶推演，在现场调节取景、划线，而后才让工人进场动工。因准备充分，工程从动工到建造完成，只用了短短15天。

花园是属于那种需要"养"的空间，
竣工之时，不过是滋养之始，接下来的
10多年，宋林耕一直在细细地慢慢打磨。
大大小小的盆栽、石雕、摆件，随着时
间推移不断融入这个空间，每一件都是
他在各地旅行时搜罗回来的。

　　花园不大，但可以看出宋林耕用心至深。每天起床后，他第一件事就是清理鱼池、
修剪花草。宋林耕说："没觉得辛苦，种花，是享受，也是一种健康的劳作。"

盘根错节拥绿云

门前的院子里，摆着两个春凳。

凳子上横着一个大大的浅浅的瓷盆，几堆硬石叠放在盆内，一个渔翁坐在盆中的片石上，若有所期。

10多年前买回的一块大石头，高少白这两日才拿出来敲碎了，重新组合。

他的山水盆景，多用硬质石。丈山尺树，寸马分人，一招一式都须讲规矩，在他看来，玩盆景就如画画，立意为先，要满足自己的意图，但是个人的意图又不能凌驾于植物自身的习性之上，更不能违背自然的规律。

盆景先是大自然的缩影，后你才能于方寸之间谈创

——高少白「武昌区」

盆景首先是大自然的缩影，而后你才能于方寸之间谈创新。

大多数人对盆景的欣赏，仅止于粗放地看，所能看到的也只是一种形式上的、粗浅的美。他更愿意琢磨分寸之间的得失，62岁的他，视盆景为消遣，但并不能因此说，他对自己就没有要求。

他是一个内心骄傲的人，只是并不溢于言表。

两盆赤楠他已经养了26年。当年从湖南带回来的时候，它们只是全无生机的树兜，养了两年，才萌发新叶。

　　他记得自己第一次接触盆景，还是在挂历上。那么小的一个盆，那么婀娜多姿的一株树，怎么弄出来的呢？

　　于是，他开始尝试，也就有了后面的故事。

　　修行是一个人的事情，30年来，他从未满足。

且向花间嗅酒香

邓昌文的院子里大大小小的盆景加起来有百余盆，微型盆景均只有十来厘米高，有的甚至更小，经常有居民前来驻足观赏。

为了给盆景做一个造型，邓昌文经常一整天都待在院子内，对着盆景"发呆"。一根枝条该不该剪，有时他都要纠结大半天，还要请朋友来参谋一下。别看只是一根小枝，有它没它，意境完全不一样。

在扦插的时候，一方面，要使用塑料袋套住树苗，放于阴凉处，减少树苗本身水的蒸发；另一方面，第一次水一定要浇透，随后根据气每半个月浇一次；树苗长之后，你要在2月或者9月举移栽，为树苗提供最适宜生长环境。

——邓昌文「武昌区」

他的院子里不仅有好看的盆景，很多花盆也别具一格，至少有一半花盆是由酒瓶改造而成。酒瓶改花盆其实并不难，只需要两样小工具，一个是切割机，一个是电钻。由于酒瓶的"颈部"一般比较狭长，在切割的时候，要考虑植物的生长特性；电钻的作用则是给酒瓶底部钻孔，以便水分排出，防止植物烂根。

酒瓶做的花盆，下部小，上部宽，因此换土较为复杂，为了减少对植物的伤害，酒瓶改制的花盆适合种微型植物。

现在年轻人喜欢栽花种草，又没有更多的时间去照顾，而造型各异、体态微小的微型盆景，便成为不错的选择。

微型盆景制作可不是一件简单的事儿，除了适时适量浇水、施肥、除虫害外，如何扦插并成活是最基本也是最重要的一点。刚开始没经验，邓昌文扦插的树苗死了不少，都是干死的，树苗吸收不上水分。失败了才会去研究，研究才会进步，最终，他自己摸索出一套成活率高达98%的扦插方法。

化作春泥更护花

有人一生只钟爱一件事物，即使要花很长时间，他也能把这件事情做好；有的人什么都喜欢，最后什么都做不好；还有的人，喜欢的事情很多，却能把每一件事都做好。林义德属于后者。

他去宜昌出差，买回一块钟乳石，倒过来放置，制成了盆景，上面的树是种上去的，别看只有那么大一点，一晃也养了好多年了。在一盆小小的盆景上，岁月的流逝和生活的变化，也只有他看得分明。

林义德非常热爱植物，曾经还想考农业大学。2005年，他开始打造自己的家庭花园，主要以盆景为主，有对节白蜡、榆木、金弹子、六月雪等。对节白蜡是他的最爱，春、夏、秋可看叶，冬可观枝，一年四季都有不同风景。

他制作盆景，坚持从本人实际情况出发，贯彻三条原则：一是为了丰富退休生活，陶冶情操，以自我娱乐为主；二是树木以本地自繁自育的为主；三是住在五楼，空间有限，规格以小型为主，确保盆架的安全。

对节白蜡是他的最爱，春、夏、秋可看叶，冬可观枝，一年四季都有不同风景。阳台上几棵光秃秃如游龙的枝桠，玄关处插在花瓶里的几枝干枯的莲蓬，在他的眼里，这些本身就是艺术品。只要不出远门，白天他都在画室。创作之余，他会用湿抹布擦擦橡皮树的树叶，给盆景浇浇水，去花鸟市场，或者和附近的花友交流养花心得，或者去附近健身跑步。旅途之中，在海拔三四千米的地方，不少年轻人有时还得他帮忙拿背包和水壶，自己拥有如此体能，他归功于养花。

"不信你试试。"他说，"这些盆景比举重用的杠铃还重，我每天就是这么搬来搬去，既美化了环境，又锻炼了身体。"

一个人好了还不够，林义德还非常重视身边的点点滴滴，路上遇到有人随意采摘花枝、砍伐树木，他都会出言制止，或者向相关部门告知寻求帮助，即使因此遭人白眼、谩骂也无所谓。他认为，城市环境的好坏源于人的意识，个人绿化意识如果不能得到提升，投入再多的人力财力也于事无补。

朝夕俨如对益友

　　走进陶德勋的家，你会宛如走进一幅立体的画卷。首先映入眼帘的是门口一座假山鱼池，只见主峰高耸，次峰配峰相伴。山上苍松翠柏、山下小桥流水、山腰瀑布挂帘、水边渔翁垂钓、山顶翠绿环绕、水下鱼儿摆尾……这些都是他的得意之作。一石一木，全部由他慢慢摸索，亲手堆砌，一边看书学习，一边去花木市场偷师学艺，然后就开工了，前后花费4个月时间。现在假山上的植物生长茂盛，俨然成为一座"活山"了！

春有花，秋有果，夏有荫，
有青，一石一木，皆亲手雕
。

——陶德勋「洪山区」

　　假山背后有石径通幽，石径旁边有三层多肉植物相伴；凌霄花架下是他的兰草园，10多盆兰花都是他的心头爱；花园尽头有一奇山横卧，石洞中有一丛佛肚竹直插云天；移步向前，左边双层石台摆放的是微型盆栽，右边草坪边三层石级上有十几盆假山盆景，石材多样，景色别致，每一盆都是一幅风景画；太湖石后、柚子树下有怪石环抱的莲池，一汪清水，几株小荷出淤泥而不染；转过身来，径至长廊，两边尽是盆、缸、中间有一徽式山墙，透出一点中式元素；绕过四季桂，便是果园，周边有石台相隔，园内有枣、油桃、红桃、金钱橘、石榴、猕猴桃，葡萄架下有休闲桌椅，三五好友在绿荫下品茗叙旧，好不惬意。

　　从 2008 年搬到虹桥家园，陶德勋就开始种了几棵果树。刚开始他养不好，慢慢地越养越多，越养越好。他经常和花友去逛花木市场，出门旅游看到好看的石头也捡回来，以用来打造盆景。他还在花园的一角留了小苗床，自己扦插繁殖小苗。花园里植物渐多，他养花的经验日益丰富。

　　精心打理好了每一株植物，他开始琢磨花园的整体规划。他修砌花台，铺石径小道，每天上午 7 点就开始在花园里忙碌，中午吃完午饭稍作休息后，就又去了花园，一直忙到天黑。就这样持续了近 2 个月时间，花园造景基本完工。

　　他很享受亲自打造花园的过程。现在看看这里的景色，桩桩浸透了自己的汗水，件件承载着自己的快乐，他很满足。

　　春有花、秋有果、夏有荫、冬有青，陶德勋家的花园美得超乎想象。前后 8 年，他像工匠一样工作，打造着家庭花园，妻子也用相机记录下花园每一天的变化，与花友分享花园的美丽。

醉卧花中偏爱菊

　　一园秋菊，100 多个品种，有 300 多盆，妖娆芬芳，刘骅养了这个品种又想养那个品种，恨不得把所有品种都养了。

　　她种的菊花也曾遭遇"全军覆没"，于是上门求教解放公园菊花大师李建祥，并引进 10 多个品种，种了近 100 株，全部成活。后来，她又引进 60 多个品种，总共种了 200 多盆，又大获成功。

　　她用发酵的煤渣掺和鱼塘的淤泥铺在盆底，再铺上细碎的泥炭土，用沤烂的鱼肠作肥料，把菊花养得又肥又壮。

　　如果任菊苗自由生长，菊花的观赏价值就会降低，她须将花苗的顶端去掉，再不断掐枝，重点培养一根比较靠下的侧枝。

等到 7 月底 8 月初，她就得定苗了，定下最壮的一个枝的一个芽；定苗后，要大水大肥地培养，同时还要防治菊花生病；10 月底花苞透色以后要停止施肥；等到 11 月 10 日左右，菊花漂亮地绽放，花期可以持续一个月左右。

在武汉养菊花，从 5 月底到 8 月初这段时间须特别留心，梅雨季节病虫多，菊花被病虫侵蚀之后容易烂根；其次，菊花怕热。为了度过这段难熬的时期，刘骅下了不少功夫，首先搭花架，将菊花放在花架上，避免潮湿；梅雨季节她用雨棚遮盖，不让菊花淋雨；每周打一次药，防止病虫害；高温天气时，一般上午 11 点至下午 3 点用黑纱遮阳，防止太阳直晒。

度过了这段时期，养好菊花也很容易。

一盆山水一盆戏

　　刘义建喜欢戏剧，关于戏剧的磁带、影碟、书籍，他收藏了无数，视若珍宝，时常翻出来看一看，听一听；他也喜欢盆景，20 年前，他开始摆弄山水盆景，选择一些适宜做造型的石料，配以植物进行人工雕琢，做成假山，奇峰异峦皆浓缩于一方盆景之中。

我喜欢戏剧和盆景，特
别喜欢用盆景诠释传统戏剧文
化。
　　　　——刘义建「洪山区」

　　当盆景遇到戏剧会怎样呢？听着《孟姜女哭长城》《梁山伯与祝英台》等民间戏曲，他决定"玩"一把，把戏曲的特定场景引入盆景之中。

　　客厅电视柜两侧摆着几盆"声势浩大"的盆景，几盆修剪精细的"戏剧盆景"摆放在客厅通往书房的走廊一侧，真正的宝贝都收藏在书房。

　　"结拜""送友""访友""化蝶"，四盆小盆景完整地呈现了梁山伯与祝英台的爱情故事，不得不让人佩服他的巧手匠心。

　　盆景以澳洲杉为主要造型，加以山石、楼台亭阁映衬，其中所用到的一些小物件，买都难得买，很多都是他捡回来的。

　　除此之外，他还制作了"孟姜女哭长城""牛郎织女""劈山救母""断桥""盗仙草"等盆景。这些盆景生动再现了传统戏剧的经典之作。

　　随着创作经验的积累，盆景所表现的题材也日渐丰富，旅游途中所目睹的自然风光"长江三峡"和人文景点"韶山故居"也被他成功移植到盆景之中。

风裁日染开仙囿

文三荣有一本"茶花养成记"，里面对何时何地买回一盆植物、多少钱买回、植物生长地、最开始的种植技巧、底层用什么土、基肥施多少、外围用什么土、开花时间、花瓣颜色等都有详细记录。

他从 80 年代开始种花，对茶花情有独钟。

他曾经养过一盆鱼尾茶花，养了七八年，却在 2008 年冬季的大雪中冻死了。当时他难过了好一阵子，现在想想还觉得很可惜，那盆茶花的照片，至今还保存在他的电脑里。

种花需要培育出植物最原态的姿容，做菜也要追求食的本味，保持食材的本色，一盆好花，一道佳肴，都是风。

——文三荣「汉阳区」

茶花生命力较强，开花漂亮，他一盆又一盆地往家带，有的含羞待放，小巧的花苞鲜嫩可爱；有的刚刚绽放，欣欣然展示着它优美的身姿，意欲争奇斗艳；有的已经完全盛开了，像婴儿甜美的笑脸，花瓣层层叠叠，柔软而有弹性，别有一番情趣。

　　他喜欢种花，更爱做菜，如今虽已到了退休的年龄，还是总往学校跑，坚持给学生上课，不仅教厨艺，更鼓励学生经常去花市看看植物，给美食创作找灵感。正所谓"一理通，百理明"，种花需要培育出植物最原生态的姿容，做菜也要追求食物的本味，保持食材的本色，一盆好花，一道佳肴，都是风景。

折得一枝香在手

这里没有油纸伞，没有悠长的雨巷，这里只有一条狭长的过道。不足 2 米宽的长廊，堆放着大大小小、高低不齐的花卉盆栽，有的是买来的，有的是别人送的新苗，也有他亲自嫁接繁殖的。

这里，就是吴维靖的花园。

长廊悬在吴家门外，下面是大马路。人站在长廊中，长势茂盛的植物掩住了他的身影，他却能清晰地看见街上的车水马龙。这里原本是嘈杂的，有了这些花花草草，却成了城市最宁静的家园。

没有什么东西比花更具有命力，养着花，心里的牵挂直都在。

——吴维靖「汉阳区」

10 多年的光阴，他修了护栏，接了水管，从无到有，这里的一草一木都是他的心血。

吴维靖是安徽人，后来落户武汉，兄弟姐妹八个分散在全国各地，聚一次不容易。姐姐远在广西，他去姐姐家，没带回别的，倒是千里迢迢带回了一些花。没有什么东西比花更具有生命力，养着花，心里的牵挂一直都在。

庭院盘龙天地小

杨星火的家是盆景的天下。

楼下露天放置着数十盆大型盆景，颇具年代感的老桩、对节白蜡、榆树、三角枫等都是常见的盆景树种，雨水滋养着这些盆景，也滋养着盆里肆意生长的杂草。

楼顶更多。爬上铁梯，上到楼顶，你会发现视野开阔极了，眼前的郁郁苍苍与周边光秃秃的楼顶对比分明。

窗台也是盆景的天下，一边的窗台放置着几盆对节白蜡盆景，还有几棵白兰；另一边的窗台则全是他自己扦插的微型盆景，有的养了好几年了，渐渐有点造型，有的才扦插不久，刚刚成活。

我的养护盆景心得：选好桩；控制好肥和水；多看专书籍，掌握基本技术；多观多交流；不断在修剪枝条的程中提高自己的技艺。

——杨星火「汉阳区」

重点在阳台，这里摆放的大多是精品，一盆一盆，都值得细细品味，其中好几盆还参加过市里的展览比赛，获得过不同的奖项。

　　所有这些盆景，都出自杨星火之手。

　　他特别崇尚岭南派盆景和动势盆景，养护盆景 30 多年，女儿评价他：爱好很多，做一行也像一行。

汲井开园日日新

对节白蜡、榆树、白兰、迎春、茶花、黄杨、针柏等，100 多盆花卉和盆景，占据了面积 80 平方米左右的院子。这么多盆景和花卉，用水非常夸张，尤其是到了夏天。

祝恒兴的院子里有一口水井，主要用途就是给花卉、盆景浇水。

每日到院子里浇浇水、修枝、做做造型，看看花和盆景的长势，这就是我生活。

——祝恒兴「江夏区」

每天早上，他到院子里浇浇水，看看花卉和盆景的长势；午休之后，他才开始每天必做的功课——打理盆景。这是一个细致活儿，需要一点一点地修剪、整枝、做造型，一耗就是一个下午。经他整理过的盆景，盆里连杂草都看不到一根。

49岁那年，单位改制，提前退休的祝恒兴，在朋友的启发下开始玩盆景，不知不觉就是10多年。他玩盆景也玩出了一些名堂，得到了广泛的认可，电视台还报道过他和他的花园，他的盆景作品也曾在省、市、区盆景展上多次获奖。

微妙在智云天外

你见过像这样的榕树盆景吗？

多股气生根搅在一起代替主干，且扭曲为龙形，给人一种龙欲腾飞的感觉。

制作这样一盆90厘米高的盆景，雷田恕仅用了4年时间，它既不是用山采野桩，也不是用扦插苗，而是用榕树的气生根培养而成。

雷田恕尤为喜爱榕树，他独创了榕树气生根培育法，该方法做造型容易成型快，最快1到2年即可成景。

我爱盆景，尤爱榕树。

——雷田恕「黄陂区」

这件名为《龙腾》的作品，源于几年前一次偶然的机会，他发现有一盆榕树的下飘枝上长出 10 多条气生根，它们越长越长，最长有 1.2 米。他试着把气生根的下端种在小花盆中，一个月后扒开土，见其已长出大量新根，便果断地将下飘枝和已入盆生根的气生根一同剪下栽种，培育成了《龙腾》的树冠。

这样的情形可遇而不可求，经过 2 年时间的冥思苦想，他又琢磨出用单股气生根培养小苗的方法。这个方法他已运用得非常娴熟，2012 年用此法培育了 8 盆，2013 年更是培育了 10 多盆。

这些培养花卉盆景的经验和方法，他毫不吝惜与花友分享，经常在专业杂志上发表文章，与花友交流互动。

风定池莲自在香

张行言的家，更像是一个小型的荷文化博物馆。

目光所及之处，所陈列的木刻、竹雕、泥塑、印染、刺绣、陶瓷和绘画、书法、摄影作品，都离不开"荷"。老伴王其超更是在露台上栽种了 300 余盆荷花。

王其超有"中国荷花之父"的美誉，他们夫妇俩是中国最早研究荷花的专家，提出了独树一帜、科学而合理的荷花品种分类系统，而且用胜于雄辩的事实，论证了荷花的原产地是中国而非印度。

1998年，王其超、张行言开始尝试培植"冬荷"，他们在温棚里进行反季节栽培，为澳门回归庆典成功培育出了200多盆反季节荷花。

2001年，他们又开始培育能在自然条件下生长的"冬荷"，2年后培育出单瓣红色"冬荷"、单瓣白色"傲霜"和重瓣红色的"雪里红"3种耐寒性较强的"冬荷"。

2016年，王其超病故。60余年的夫妻情，60余年的荷花情，却不曾消失。已经90多岁的张行言，每天上午由保姆陪同，一起去露台，对荷花的生长情况进行数据记录。

300余盆荷花，花开得多的时候，仅统计数据就得花两个多小时，张行言对每一盆花都了然于胸，正如她与老伴走过的那些岁月，一直历历在目。

枯木逢春犹再发

"爷爷您好可怜，趴在树桩上吃饭。"孙女的一句话把他逗乐了。

张岳良坐在一张旧桌椅前，埋头打磨手中的树根，背后就是他家的花园。走近了看，鹦鹉的造型呼之欲出，他琢磨着给鹦鹉的尾巴再添一些羽翼，这样显得更饱满。

根雕艺术的"型"与"意"就在这徐缓的日子里被打磨出来。

——张岳良「江岸区」

他是一位根雕爱好者，一生痴迷花卉、盆景、根艺。年轻的时候，他跑运输，就爱到处收集奇形怪状的树根，别人觉得没有价值的东西在他这里都是宝贝。

做根雕之前，须先泡树根，表皮湿软了之后，就可以拿起来打磨了。你别指望一次性能磨好，磨了一次，要不断地观察，根据它的形态思考造型，若没想好，再放到水里泡一阵，有时间再拿出来打磨，反复观察、思考、打磨。任何作品的诞生，都非一日之功。

根雕艺术的"型"与"意"，他了然于胸。他每天坐在花园里打磨根雕，看日子徐缓地过去。他的这些根雕作品，不仅可以作为居家装饰，还具有较高的收藏价值。

　　巧藉天然，美有所用——让自然美的"奇"与人工美的"巧"，自然地结合起来，实现原定的创作设想，这便是根艺之美。

花色洋溢，四季皆美

第 6 辑

花色洋溢，四季皆美

美国作家芭芭拉·库尼在《花婆婆》一书中写道："做一件让世界变得更美丽的事。"养花便是如此，与植物约会，与山水自然相处，花园生活的哲学，需细细品鉴。

有一类人，喜欢在楼顶进行园艺造景，或是亭台楼榭、小桥流水、养花养鱼、种树盘枝，或是独家小花园、公共花园空间，这些植满花草的秘境具有极强的观赏性，通过设计师重新表达和设计，筑造出隐藏在"钢筋混凝土"中的"自然堂"，可称之为城市回归田园的一大标志符号。

纵使苍茫亦自芳

　　李坚雄，是武汉音乐学院民乐系教授、硕士研究生导师，也是一位普通的养花人。年过七旬的他，生活被音乐和花草填得满满的。屋顶花园上百盆盆景花卉都是他的心血，也是他和学生共享田园之乐的基地。他的一生，既能桃李满天下，还在堂前种了花。

　　子曰："一日三省吾身。"李坚雄爽朗一笑，曰："我乃是一日三顾花木啊！"所谓"三顾"，即早、中、晚光顾盆景园与兰园。

　　盆景园与兰园都在李坚雄家的楼顶上。几乎每件盆景作品都看得出新修的痕迹，修剪下的枝叶被精心地铺在土面上；吊兰、芦荟等观叶植物叶形美丽，叶色光亮；春兰、昙花等观花植物花形独特，气味芳香；榆树、对节白蜡等盆景造型各异，体态万千。时值冬季，不少盆景叶落之后，光秃秃的枝干显现出来，沧桑之中透着神闲气定的从容，别有一种风骨。

一件盆景作品只有用情感去塑造才能为它赋予灵魂。所以他从不轻易动剪刀，每一刀下去之前，至少需要一个月的思考和观察，剪下去就十拿九稳。

　　玻璃暖房已达专业级别，供兰花专用，房顶覆盖一层遮阳板，南北通透，控温控湿，冬暖夏凉。前辈赠了一口清末的大水缸，他也摆放在暖房内，水缸古朴，兰花清幽，浑然天成。

　　盆景是有时间性的，不是今天养了，明天就能开花。他的这些宝贝，每一件都放在家里20多年，而它们在野外少说也呆了四五十年，最老的一盆榆树盆景比他都活得久。用苍老凝固时间，用遒劲诠释生命，于他而言，这就是光阴的价值。

早九晚五山岳秀

　　照片中的张建顶着一头蓬松的头发，这是 80 年代最时髦的发型，他怀抱着儿子，背后是一个花架，博古架似的，摆着一盆一盆的盆景。架子上的花盆，每一个都精致古雅。

　　花架是他自己做的。

　　从前的日子不富裕，男人普遍具备一定的动手能力。刚开始上班时，他学徒 3 年，每月工资才 20 元。他省吃俭用，一个一个地买，每次只买一个花盆。

我就是喜欢。

——张建「武昌区」

30 多年下来，花草就形成规模了。

露台上，大盆小砵摆了一地，有对节白蜡、三角枫、虎刺、罗汉松、紫薇、榆桩……还有一些空盆空砵，堆积在内室，等退休了，他打算再慢慢盘。

美好的东西谁看了不喜欢呢？他说，我就是喜欢。

落落松柏凌云霄

陶维贵的屋顶花园，还真不小，面积将近 300 平方米。

陶维贵不爱红花爱松柏，100 多盆植物几乎都是常绿的松树和柏树。

松树和柏树四季常青，耐寒耐旱，是简单好养的植物。不过，再好养的植物，他也不会任其生长，再怎么任性的松柏都逃不过拉钩的拉力，这可是他去六渡桥的五金市场淘回来的千斤拉钩。眼看松柏的枝干向一边伸得太多，他就给枝干缠上铁丝，用拉钩固定到花盆边缘，将枝干拉回来生长。

给花浇水时，你要把自来水放在瓶子里存放几天再浇，水经过 2 到 3 天的日晒，使水中的氯气挥发，同时，放置几天后，水温可与盆花的环境温度相近。这样浇水，对花的生长十分有好处。此外，我还欢将泡过的麻渣放入土中，所谓麻渣就是芝麻、亚麻等种子榨油后留下的渣滓，这些渣滓营养丰富，含有大量的蛋白，是一种十分好的肥料。

——陶维贵「武昌区」

松柏之中，陶维贵最爱的是罗
汉松。30多盆罗汉松几乎包罗了各
个品种，叶子最大的是大叶罗汉松，
数量最多；叶子较短的雀舌罗汉松
中间叶脉突出，如雀鸟的舌；而最
抢眼的当属珍珠罗汉松，它不仅叶
子短而浓密，还圆润得像泛着光泽
的珍珠。

两三层的花架，都沿着墙壁摆
放。花盆整齐有序，节省了许多空
间。花架是社区送的，社区还送来
废弃的垃圾桶，缺角掉漆的，经他
的巧手一加工，在红色的垃圾桶中
装进瓷盆，填上土壤，种棵黑松，
又是一道风景。

楼下的邻居，也时常送一些废
旧物上来，问问他能不能用。废弃
的洗衣机内桶，他将出水孔修补好，
填上土壤，瞬间变身为一个视觉冲
击力极强的"后现代主义"花盆。

墙角的花孤芳自赏时，世界便
小了。而在18层楼高的屋顶花园，
造型百变的松柏，集万千关爱于一
身，身姿挺拔，意气风发。

一楼青色与天和

　　单位分房子的时候，黄立清特意换成了顶楼，房子旁边就是野芷湖，他在楼顶打造了一个属于自己的花园，工作再忙，他也兼顾着这片小天地，所有的花草都是他自己打理，毫不含糊。

　　植物若是缺水，叶子就会现出有点蔫的状态，人们很易看到；但是一旦水浇多，外表貌似还很好，其实里面的根一直被水泡着，人也看不出来。叶子蔫了，点水还容易救活，一旦根泡烂了，就救不活了！一要等干透了再浇水！

　　——黄立清「洪山区」

他最喜欢兰花，在靠近湖边的那一侧摆了一排兰花。兰花不能暴晒，他又特意搭了一方高台，台上四周围满盆栽。夏天太阳大的时候，他就把兰花移到台子下面；阴雨的时候，他再把兰花搬出来。在他看来，兰花其实很好养，用点心养就行。

在高台正中，他摆放了一张桌子、几把椅子，春季赏花，夏季乘凉，秋季烧烤、玩耍，冬季上来看看湖面也不错。

叶底风吹敛黄昏

吴荣先自称"都市农民"，他的屋顶花园远近闻名。

2007年5月，原本住在五楼的他，为了种花，调换住到了顶层。11年间，他在屋顶开辟了面积300平方米的花园，隔壁左右的邻居都信任他，也都支持他在屋顶种花。

前前后后，他用了9年的时间，将楼顶铺满20厘米左右的土层，无花果、西洋参、紫苏、红豆杉、枣树、樱桃、茉莉、花椒、黄秋葵等近百种植物交叉生长，雨水与自来水交叉浇灌，花开时有蜜蜂，落果时有鸟雀，一年四季，整栋楼的楼顶绿意盎然。

只要我有，瓜果蔬菜、草苗木都免赞送。

——吴荣先「洪山区」

街坊邻居、网友和花友，时不时到屋顶花园来玩，有的摘花，有的要花苗，有的要中草药，有的交换盆栽，他不图名利，只要花园里有的，他都免费送。

老伴身患重症五六年，他一个人忙里忙外，虽然辛苦，日子却很充实。如今，老伴病故，花园里的花草依旧生机勃勃，只是家里少了一个人，冷清了。

他每天还是一如既往地在屋顶忙碌着。老伴临终前嘱咐他，一定要照顾好自己，照顾好屋顶花园。

高台春晓烟如缕

在潘明伟的屋顶花园，你可以看到很多造型精致、很有些年代感的盆景。他最喜欢的一棵对节白蜡，已经养了10多年，才慢慢地变成拱形桥的造型。

所有这些都是他自己花心血慢慢培植起来的盆景，随便哪一盆，都是心头好。土是和老伴一筐一筐提上楼顶的，花架也是他自己用电焊焊接的，屋顶有近百盆盆景，大大小小，品种、形态、造型各异，每一盆都是经老人之手后才变得不一样。说起来，好像每一盆都有说不完的故事。

我喜欢通过看书获取一些景养护的知识，比如培植、接、做造型。经过岁月的洗和沉淀，这些终会变成无价宝。

——潘明伟「汉阳区」

平时他就待在屋顶，夏天一般都不出门，一天浇三次水，在屋顶花园就可以忙活一整天了。他不觉得辛苦，只觉得好玩，玩好了盆景，是一种享受。

好玩，不是纯粹无聊地消耗时间，而是从中仔细地琢磨，总结出自己的看法。园子里有几棵猕猴桃，都种了3年，本该结果的，但是连花都没有，他知道有问题，自己对照着书本观察自己的树苗，才发现该修枝了。

潘明伟玩盆景玩得痴迷，玩得专业，他说有一天若是自己玩不动了，就交给儿子。

不比青天独乐园

紫罗兰、石榴花、芦荟、仙人球……在曹乘阳的摊位上，10多个小盆栽吸引了大家的眼球。今年67岁的他，平时爱侍弄花草，第一次参加"换客大会"的他，特地从家里搬来了这些小盆

栽。不少居民看见这些精致的花草，纷纷上前询问，几位喜欢养花的居民手中没有闲置物品，他也干脆大方地将其赠送给对方，还现场"授课"，讲起了"养花经"。

上午10点左右，他摊位上的东西几乎被一扫而空，曹师傅拿起仅剩的一盆石榴花，去附近的一家水果店换来一个大西瓜，免费分发给大家消暑。

喜欢，我就送呗。

——曹乘阳「汉阳区」

曹乘阳的楼顶花园，可谓是植物的王国，面积 80 平方米的空间，有小温室也有大阳台，里面种有乒乓石榴、四季果、鸭跖草、虾夷花、栀子花、海棠、六月雪、火棘、月季、薄荷、库拉索芦荟、木立芦荟、白兰、瓜叶菊、米兰、吊兰、仙人球、白梅、腊梅、文竹、兰花、菊花……

含饴弄孙乐花园

受母亲的影响，2004年陈维克入住大桥社区后，特意选了顶楼的住房，设计建造屋顶花园。屋顶花园因势而建，不破坏原本的房屋设施；种的植物也讲究因时而种，因为只有适应这屋顶的气候，它们才能长势旺盛。花园中还有一个面积20平方米的玻璃暖房，周边留一圈未硬化的土地种植植物；暖房外面是假山鱼池，占地3平方米。他用金边黄杨木打造周边绿墙，在葡萄架下种吊兰，转角石径小道的尽头是凌霄花藤……

几十种花木，特别是热带植物，喜阳光的仙人掌、龙骨、金虎等都被他养护得极好。最老的一株仙人掌从花园建造开始就种了，已经生长了13年。花园里种的虽然都是很普通的植物，但是整体有一定的规划，他把每一株植物都养好，就这样营造了一种良好的环境氛围，看起来特别养眼，生活在其中也更舒服。

我更愿意待在自家的屋顶园里，养花养鱼，种树盘枝，闹的时候陪孙儿玩闹，安静时候一个人赏花喝茶，与孩嬉戏，与植物约会。

——陈维克「汉阳区」

花园里的几盆三七是母亲给他的，90 多岁的母亲仍然在家养花，还经常给他一些花苗，他也会繁殖一些花，送给母亲。

　　自从有了孙子孙女之后，他的花园里就更热闹了。他带着孩子在花园找蚯蚓、捉蜗牛，教他们认识植物。虽然生活在城市，却能在爷爷的花园里接触到"自然"，孩子们也十分高兴，喜欢在花园里过周末。

　　热闹的时候陪孙儿玩闹，安静的时候一个人赏花喝茶。与孩子嬉戏，与植物约会，他都乐在其中。

冬去春来醉花庭

喻咏庭将自己的花园称为"空中花园"。

他家的花园在公寓的屋顶上，里面有花有鸟，有假山鱼池，当然少不了他酷爱的盆景。平时他主要养五针松、日本大阪松和柏树，五针松与日本大阪松两个松树品种多达15盆，最老的五针松盆景有60多年历史。

这个面积20多平方米的花园虽然不算大，但却是喻咏庭几十年的心血，即使寒冬腊月，花园依旧生机盎然。

我最爱养的便是盆景，一是十几年。

——喻咏庭「硚口区」

开网店的邻居借他的花园作背景拍宣传图片，上传到网上后，许多网友表示赞赏，甚至有一个外地人跟他联系，想亲自来看看他的花园。喻咏庭无比自豪，他养的品种越来越多，许多植物小盆景也都是他自己研究繁殖、亲自制作的。

　　鸟儿热情好客，鱼缸里的鱼儿，有的浮在水面觅食，有的在水底游动；松枝傲骨峥嵘，柏树庄重肃穆，松柏四季常青，历严冬而不衰，都是他的最爱。已经78岁的喻咏庭，思路清晰，笑声洪亮，他滋润了花草，花草也滋润了他，他有属于自己的乐趣。

蜂飞蝶舞闲弄花

张栋梁有两个家，一个家在百
步亭，一个家在盘龙城。

儿子买房时特意挑了顶楼，和
楼下的邻居协商后，张栋梁开始在
顶楼平台上种花。2014 年，老两
口搬到了盘龙城。

从无到有，从少到多，你
立养花的信心，进而才能
求精。

——张栋梁「江岸区」

在百步亭的顶楼平台上，他种了 500 多盆植物，墙面四周种的是果
树、葡萄，远一点的是盆景区。海棠、紫藤、蔷薇、六道木、绣球花……
仅月季就有 40 多个品种，牡丹也有 10 个品种，还有石榴、桃树、梨树、
葡萄、橘子等果树。张栋梁还特意用蔓藤植物做了一个花圃的拱门。

盘龙城新居种的最多的，就是多肉和仙人柱两类植物。"冰灯雨露"
和"屉之雪"这些不太常见的多肉植物，光是听名字就美，而仙人柱，
则是他逛花市时发现的新宝贝。

张栋梁还特意学会了网购，老伴说，平时在生活中他们很节省，但在买花这件事上很是大方。现在的张栋梁，养花逐渐向自己喜欢的几个品种发展，希望能精益求精。

　　从盘龙城的家赶到百步亭的家，只要不下雨，每天需要坐 40 分钟公交车，张栋梁和老伴一直以来都是两边跑，打理花园。

云压花房犹自香

买下这套面积为 160 平方米的平层楼，黄家鸣暗自欣喜，潜伏 20 余年的花园计划终于可以启动了。

从设计到正式施工，黄家鸣都亲手完成。花园是属于那种需要"养"的事物，竣工之时不过是滋养花园的开始，黄家鸣用了 16 年的时间不停地打磨。

花园里有假山、流水和游鱼。广东的金丝竹、日本的菖蒲、陕西的紫薇、湖北的对节白蜡，每一个品种都是他从各地带回来的。

有人要高价买花，黄家鸣不卖。他说："人会互动，盆景不会。爱养花的人自然爱生活，美的东西应该分享。"

独坐春风尽芳菲

中学的时候，因为学校离花市比较近，李建新那时爱研究植物种植，经常趁中午休息的时候去花市逛逛，认识了不少植物，也爱买几盆养养。

定居武汉后，我在这座城
市婚生子、成家立业，当然，
也丢下我的花园梦。

——李建新「江岸区」

来武汉 20 多年了，李建新还是一口京腔不改，只不过武汉的气候跟北京的相比有很大的不同。武汉冬冷夏热，温差比较大。刚开始养花的时候，对武汉本土植物了解不多的李建新，也交了不少学费。虽然他也看了很多养花的书籍，在网络搜寻过很多养殖方法。但是，纸上得来终觉浅，养花还是需要实践，并从实践中总结经验。

后来，他重新调整花木的品种，比如挑选柿子树、橘树、柠檬、无花果树、蓝莓、白兰、米兰、桂花树、茉莉、栀子花、月季等来养。他喜欢长势大气一点的植物，比如桂花树、白兰树和无花果树。如今屋顶花园上的上百盆花果苗木都长势旺盛，一到开花的季节，花团锦簇，他在楼下做饭都能闻到阵阵花香。

这个北京爷们儿，来到武汉后就再也没有离开。他早已适应了这里的生活，他养的植物，又怎能不适应呢？

风住尘香花正妍

　　在高楼林立的后湖大道，有一栋高楼的楼顶别有一番风情。爬上11楼楼顶，你会看到这个面积约150平方米的楼顶上摆放了桌椅、种有菊花、兰花、三角枫、佛手、枣树、罗汉松等花木，还摆放着一些名贵的盆栽，有老人在品茶赏花，有孩童在打闹嬉戏。

在这里呼吸一口新鲜空
感受微风拂过时淡淡的花
我觉得比什么都好。

——童安胜「江岸区」

　　几年前，购买了这个顶层住宅之后，童安胜就开始筹划绿化楼顶。2年来，他先后花费数万元对楼顶进行了绿化，将楼顶改建成了"屋顶花园"。

　　对这个楼顶花园，邻居们起初并不支持，童安胜便给每位邻居送了一把钥匙，每个人都可以随时上楼顶欣赏，一起来养花种草。

　　邻居们的心结顿时打开了，大家都想把这个屋顶花园布置好，因此都在不断地努力学习园艺知识，现在童安胜出去几天，邻居们也能帮上忙，一点问题都没有。说到这儿，他由衷地笑了。

不用去远方，最好的风景就在屋顶。在这里，呼吸一口新鲜空气，感受微风拂过时淡淡的花香，他觉得比什么都好。

取次花丛频回顾

你见过养了 500 多盆月季的人吗？

你见过养了 100 多个月季品种且绝大多数还是稀有月季品种的人吗？

养花心得：

花的品种的选择，要因
宜。比如，在北方养花，
考虑耐低温；在室内养花
考虑美观、环保和实用性。

2. 在养花的过程中，要尊
科学知识和成功者的经验，
与朋友交流，多向花友学

3. 养花一定要细心和有耐
要遵循植物的生长规律，
之以恒，不能只有三分钟
度。

4. 养花和育人一样，需要
时浇水、施肥、松土、防虫、
病和修剪枝叶。

——刘兆辉「江岸区」

刘兆辉就是这么一个人。

高手在民间。刘兆辉那约莫 100 平方米的屋顶花园，倒不如说是个"月季花圃"：花架、苗圃、暖房、工具间分区有序，设备齐全；地上密密匝匝的几大片区、铁架上也整齐地摆着花盆；搭建的暖房里也是一样，最夸张地要数四周的栏杆了，花盆一个挨一个，窗台上也不例外。用他自己的话说，自己若是每天把园子打理一遍，从早上到天黑都做不完。

月季不怕冷也不怕热，确实好养，但是要养得漂亮就得下功夫了。他有一套自己的心得——

1. 标准化管理。你要严格按照月季的生长特性，对每一盆月季执行同一套养护标准，松土、施肥、打药、剪枝、分苞等，绝不偏颇。

2. 繁殖。通过繁殖增加保险系数，死了一盆，还有新苗呢！繁殖也有技巧，剪苗一定要消毒。

3. 粗糠灰。粗糠灰是繁殖月季幼苗的专用"私房肥"，你要拿回来烧一烧才可以用。

4. 密切关注，及早预防。密切关注天气预报，及时打药，通风透气，这些都是保护月季的必备工作。

顾及身体，他下定决心"减产"，但他站在苗圃前的背影，却还是流露出一丝深深的不舍。

天涯日斜枣花香

小时候，叶杰伟将攒下来的零花钱全部用来买些小花小草和小花盆，窗台摆不下，他就放到屋顶上。

我非常热爱大自然，向往侠客"仗剑走天涯"的生活，苦于无法效仿，只有在家种树木花卉，满足一下我亲近然的心。

叶宏武与叶杰伟是亲兄，也有近20年的养花经验。说，自己不是因为喜欢花才花，而是因为养花带来了很乐趣才养花。

——叶杰伟　叶宏武「江岸区」

成年后，他做物业管理，空空荡荡的楼顶，成了他的秘密花园。他平生第一次拥有那么一大片的空地，可以由着他养花。后来决定要买房了，他特意要了顶层。楼顶上，又是一个世界。养在原单位屋顶的近百盆花卉、盆景，被他一口气全部拉到新家的楼顶。这还不够，他又种植了许多新品种，菊花已经吐露芬芳，荷花正亭亭玉立，百合花也含苞待放，铺地蜈蚣婀娜多姿，对节白蜡造型奇崛，大盆小盆，各有千秋，还有一棵枣树，枝叶婆娑，结过不少果子。

在枣树高高的枝条上，挂着半截塑料壶，壶里装着土，这是做高压。所谓做高压，即在嫁接点上方环剥后，掩土培植，待自身生根后，再重新栽种。这就相当于重新多长出一棵小枣树苗，他搬家的时候就方便多了。

花草于他还有更神奇的妙处。年纪大了，他也会失眠，睡不着时他就想花，想盆景该怎么做造型，一会儿就睡着了。

他说自己是一个非常热爱大自然的人，一直向往徐霞客"仗剑走天涯"的生活，却苦于无法效仿，只有在家种植树木花卉，满足一下他亲近自然的心。

叶宏武与叶杰伟是亲兄弟，也有近20年的养花经验。他说，自己不是因为喜欢花才养花，而是因为养花带来了很多乐趣才养花。

一路花香走天涯

内蒙草原是赵金辉挥洒青春和热血的地方，那里种满了花，也是他与花草结缘的地方。

与别的花友不同，他经常出远门，从布达拉宫到米拉山口，从雅鲁藏布江到南迦巴瓦峰……63岁的赵金辉喜欢养花，也喜欢旅游，他已经跟朋友约好了今年去西沙。

花木是一天天养大的，花是一点点建设起来的。

——赵金辉「东湖高新区」

他有一本厚厚的笔记，上面记载了各种花卉养殖的知识，这是他在网上看到一些文章之后的摘抄与总结，每一条都极具实用性。

　　虽然经常外出，但他家的花园并没有变荒芜，老树新苗反而生长得更茂盛，因为家里还有一个同样喜欢花花草草的老伴。他出门在外的日子，老伴便在家帮忙打理。

　　在家的时候，他每天早上 5 点半起床，6 点左右就在屋顶忙碌了，每天早上花 2 个多小时在花园打理，这已经成为他的习惯。

　　花木是一天天养大的，花园是一点点建设起来的，一草一木都倾注了他的心血。如今，他还坚持去老年大学里上课，一来知识需要不断更新，再者他也舍不得花卉盆景班的花友。

　　花园与远方，他二者兼顾。

养花日志

　　我们汇集了一批花园家庭活动参与者的养花日志，字里行间无不透出他们对爱花这件事的真情流露，这也极力促成了我们决心要出版此书的愿望。

　　养花日志来自花园家庭活动参与者的真实文稿，只摘录片段，部分参与者为本书入选人物。

「冯广传」

1. 2017 年花园家庭活动参与者，耄耋老人。
2. 在社区和物业的支持下，他利用楼下闲置空地，用 7 年时间建起小区绿色共享之地。
3. 擅长种植：三角梅、蟹爪兰、茉莉、兰花、海棠。

2017 年，冯广传给花园家庭活动来信，这是他的养花心得摘录：

退休后，我在平台上种了几十盆花。迁来大华南湖后，在物业和居委会的支持下，我在门栋前的空地上造了一个小花园，种花供邻居们欣赏。名贵的花、娇嫩的花种在家里的凉台上，总共近 50 盆。要养好花，你首先要仔细研究各种花的性格，它们喜欢和不喜欢什么。

我爱种花

我是个农村娃，名得四川丘陵地带，当地人都喜欢种花，家家都有几盆花（以兰花为主）从那时起我就爱上花种花。在认识……后（1950年后）为美化环境我组织了一个养花小组种了近80盆花，及……会议，当道……文化大革命时我是个……小分子受到冲击。大字报问"种花养鸟是那个阶级的闲情逸致"从此又不敢种花了。退休后我在平台上种了几十盆花，后迁来大华南湖去居后在物业和居委会的支持下，我们楼前的空地上搞造了一个小花园种花供邻居们欣赏。各类的花、娇嫩的花种在家的凉台上。（总共近50盆花）

养花心得

要养好花，首先就是要仔细研究各种花的性格它们喜欢和不喜欢什么？如

（一）三角梅 它秋需要太量的阳光，且必须多花才开得起多花色彩鲜艳，从春节到秋每次开花后（一次开花两个月左右）要重重剪30天左右又开花了。

（二）蟹爪兰 它喜水喜阳光，冬天每30-40浇一次水，春秋20天浇一次水，大热天7—10天浇水（当然浇水也要看盆里土和花的质量适当调整）今年冬天我一盆蟹爪兰开花三个月（每年蟹爪兰春天开花）很受朋友们的好评，同时也带动了好几盆邻居种花。

（三）茉莉花 它喜阳光，喜肥水，我今年已种了四盆茉莉，一盆放在小花园里，三盆种在家的凉台上。

春天至蕾后上肥（或者剪肥土），好至三月份大量花色出来后，就让我整懒把一盆花开花时想要……

「 黄蜀安 」

1. 2016 年花园家庭活动参与者，入选人物。
2. 一个老兵，戎马一生，他老来相守一方小院，在绿荫下讲述从前的故事。

黄蜀安养花心得摘录：

自搬进新居那天起，我便开始规划，二十年过去了，花园的规模也十分可观。

目前，花园里已有桂花树八九棵，每到端午节前后，浓郁的芳香便充满了整个院子。已年逾八旬的我，要为美化大武汉做贡献。

国丁·黄蜀安

2018.2.4

「刘胜利」

1. 2014年花园家庭活动获奖者，他是社区养花极具代表性的人物。
2. 他与植物结缘20余年，因车祸双腿截瘫，却始终保持对花草的热爱和对生活的热情。

2014年刘胜利养花心得摘录：

养花过程中的心情，难以用语言表达。只要长期坚持下来，你的改变将是巨大的。

说小一点，养花是为了欣赏；说大一点，我们武汉是一个文明卫生城市，而我们就更应该为我们的美丽大武汉添枝加绿，为我所在的小区尽一份自己的微薄之力。

你好

收到绿色……网站转发来的微信，要我谈谈养花的心得体会及经验。

其时我也没有什么太多太好的经验，主要就是爱好。心得是在养花的过程中，是一种难以用语言表达的心情。只要长期坚持下来，你的改变或将是巨大的。养花虽然是为了欣赏那短暂而美丽的花期，可是在整个过程中你只要细心的做好每一件事，例如：松土、施肥、浇水、剪枝等，就会养成一种淡然、持静的心态和气质。就象美丽的花朵，娇艳的……摆动，却从不折腰。

由于一场交通事故，造成了我心理及身体上的极大伤害，遇到一切不顺心的事就烦，甚至想到了放弃一切。

可这时我的老伴及其花友们给予了我极大的安慰，使我在病痛苦中慢慢的解脱出来。再遇到烦心的事，就静静的望花，我的不花园里，专心欣赏我的花草，而烦心事也就慢慢的随风而去。

由于养花时间较长及和花友们的经常交流，还经有人来问我怎样养花、护花。

就我来说，就是到把花当成陪衬，可有可无，而是要把它当成一件事来做。叶子绿，花也开了。自己的心情也好了，何苦而不来呢？说小一点养花是为了欣赏。说大一点我们武汉是一个文明卫生城市，而我们就更应该为我们的美丽大武汉添枝加绿，为我所在的社区平日运动花道小区尽一份自己的微薄之力。

「吴维靖」

1. 2015年花园家庭活动参与者。
2. 养花十年，吴维靖擅长种植喇叭花、榕树、君子兰、菊花。

吴维靖养花心得摘录：

96年退休后，周围的同事和朋友有的打牌、钓鱼和跳舞，我对这些均不感兴趣，就利用自家房屋的凉台和旁边临马路的一条悠长悠长的长廊，买了很多各式的花盆种了些不同的花草。

我搭了三个花架，自己买了部分花，朋友送了些花，自己繁殖嫁接了些，又从广西的姐姐妹妹家和成都的弟弟家带回部分花种植在这个长廊内，每当有新的花朵开放，我就感到心情非常舒畅和幸福。

乐分享

自古以来，人们就爱赏花。大自然以美丽的花朵丰富了人类的生活，劳动人民又以他们的聪明才智，精心培育出更多种奇花异木来美化大自然。我从小看见父亲就常利用休息时间种花种菜而受到邻居们的赞扬，心中非常地敬佩。故自己参加工作后，为了美化宿舍庭的环境，也常用业余时间在自己居住处种都份从同的花草送同事们观看，得到了同事的好评。

96年退休后，周围的同事和朋友有的打牌、钓鱼和跳舞，我对这些均不感兴趣，就利用自家房屋的凉台和房边临马路的一条悠长悠长的长廊买了很多各式的花盆种了些不同的花草，同时还买了部份养植花草的如：《月季栽培》《家庭养花面树大全》《养花三百问》《现代庭庭养花手册》《花卉病虫害防治》和盆景制作与养护等拾多本书来学习，通过十多年的养植我不但增长了养花知识，掌握了部份养花的技艺，使我的宿舍、阳台及墙边的长廊四时开花不断，生机盎然，得到了居委会和周边居民的好评。

近代家房旁边府条终长的过造，面临大马路，为了美化它，我又能美化了周边环境，我搭搭了三个花架，相已买了部份花，朋友送了些花，自己繁殖嫁接了些，又从广西的姐姐妹妹家和成都的弟弟家草回部份花种植在这个长廊内，每当有新的花朵开放中。我就感到心情非常愉快和幸福每当有给边的行人赞搭说"花开的好时"我就感自己家在做一件利国利已，利民，利国的好事。

吴维靖
2018年2月2日于家中

「 徐菊英 」

1. 2013年和2015年花园家庭活动参与者，盆景花草爱好者。

2. 地种植花草盆景18载，现有270余盆，其中果树5种，开花植物25种，大、中、小、微盆景150余盆。

徐菊英养花心得摘录：

爱花、养花是本人老年生活的一个重要组成部分，更是人生的一大乐趣。在16年的养花过程中，我养成了爱学习、勤钻研、敢实践的优良学风，积累了难得的实践经验和教训。

本人除了爱花，还爱朋友。当台平台花儿在春夏季节盛开时，我便会邀请同学、同事、花友来家里赏花、观赏，与花友分享养花心得，与朋友共享花园美景，花园景色使观摩者依依不舍，赞叹有加。

花心艳丽富添彩　绿叶常青人增乐
—— 徐菊英养花心得

（手写内容）

2017. 7. 4

「 颜用宏 」

1. 2017 年花园家庭活动参与者。
2. 网名"宽夫"，意为心胸宽广，爱好广泛。
3. 他爱好书法、摄影、养花种草，最喜欢种植水仙。
4. 他的花园是社区的"花卉咨询交流中心"和"植物救助站"。

颜用宏养花心得摘录：

我自幼就喜欢种养小花小草，延续到现在，养花便成为我的一大爱好。我初到喜欢养水仙。

每年春节，我会养上几盆水仙摆在家里，或放窗台上、或放书桌上、或放茶几上，且一定是开花的！俗话说"花开富贵"，富贵误不上，我自将它誉为吉祥、和谐、纯洁、美好的使者。

215/

「 王海生 」

王海生是 2017 年花园家庭活动参与者。这是他的养花心得摘录:

我是一个古稀之年的老人,自幼喜爱花草、养鸟、喂金鱼。退休后,为了实现自己的梦想,我拖他购买了本市小区的楼顶房,上有 110 多平方米的露台。从 2001 年开始我创建了楼顶花园,我栽了多种花卉、山石、盆景及瓜果蔬菜 350 余盆,养鸟 10 多只,金鱼 10 多条,还建了 330 多平方米的葡萄架,我栽葡萄 4 株,每年收获 100 多斤葡萄,酿成葡萄酒⋯⋯

1. 朱黔生是 2013 年到 2015 年花园家庭活动参与者。他的老伴中风 16 年，因养花而康复。

朱黔生给"花园家庭活动"的来信摘录：

月季还要及时修剪枝叶，在花谢之后，你需及时剪去与残花相连的枝条上部，以促进新枝早发，需适当剪短，避免消耗过多的养料，影响其他枝条生长。夏季生长过密时也需适当修剪。

我的家庭养花方法，一般做到花要种好要适时适温适湿适光。根据不同的花制定不同的养花办法。我种的月季比较多，因为这种花好种，可花时率长。种月季要勤于过冬眠，一定要剪枝，种子加肥，定要吹到暖春风，十分钟情于阳光。月季种植的地方一定要通风，否则容易长白粉病。月季也是中国十大名花之一，定花期长，花开花落，十分惹人喜爱。养殖时月季的花盆大小应该与植株相称，花盆不能过大，当植株长到根基满花盆时应及时换花盆加肥，以备足根量的继续生长。

月季还要及时修剪枝叶，在花谢之后，需及时减去与残花相连的枝条上部，以促进早发新枝及再度开花，加发现生长特别徒劳的枝条，需适当剪短，以避免消耗过多的养料影响其他枝条生长。夏季生长过密时也适当修剪。

肥料也是种花的必要条件，施行一般是买的还主要用钾肥和磷肥为主，自制沤肥发酵肥如：弃肥、豆类、鱼内脏等一定要发酵后才作用。

我种的花比较自家自乐，种得比不好，这就是我的一点心得。

后记

　　一花一世界，一木一浮生。

　　所有花草皆自有一份芳泽，能够聊寄我们对大自然的热爱与情思。

　　书中这 100 位花园家庭的主角皆是平凡却又内心充盈的人，我们用镜头和文字记录下他们与花草植物之间的美好情怀和动人故事。看花开花落，相伴晨钟暮鼓，一幅幅饱含家庭幸福情感的温馨画面无不渗透出养花人对自然纯粹的敬爱、对鲜活生命点滴的珍惜，所有的一切都展示了花与人之间的相互照拂与彼此滋润。在一次次与植物性灵的对话中，他们收获了一份份不平淡的温馨与喜悦。

　　一丛草木、一朵鲜蕊、一片砖瓦、一柄铁锹、一只水壶、一处景致、一座庭院、一声欢笑……每一处细节皆散发出时光雕琢的馨香。生命，朝着阳光的方向肆意生长，在雨露的滋养下，在风霜的呼吸中，绽放着一朵朵颔首的美丽。

周耕